# 仪式感

给潦草的生活一个巴掌

网易槽值 —作品—

中华工商联合出版社

**图书在版编目（CIP）数据**

仪式感：给潦草的生活一个巴掌 / 网易槽值作品.
-- 北京：中华工商联合出版社, 2018.4
ISBN 978-7-5158-2247-1

Ⅰ.①仪… Ⅱ.①网… Ⅲ.①成功心理—通俗读物Ⅳ.①B848.4-49

中国版本图书馆CIP数据核字(2018)第053309号

**仪式感：给潦草的生活一个巴掌**

作　　者：网易槽值
责任编辑：于建廷　王　欢
策　　划：刘　吉
封面设计：末末美书
内文设计：季　群
插　　画：张　严
责任印制：迈致红
出版发行：中华工商联合出版社有限责任公司
印　　刷：北京中科印刷有限公司
版　　次：2018年5月第1版
印　　次：2018年5月第1次印刷
开　　本：880mm×1230mm　1/32
字　　数：180千字
印　　张：9
书　　号：ISBN 978-7-5158-2247-1
定　　价：38.00元

服务热线：010—58301130
销售热线：010—58302813
地址邮编：北京市西城区西环广场A座
　　　　　19—20层，100044
http：//www.chgslcbs.cn
E-mail：cicap1202@sina.com (营销中心)
E-mail：gslzbs@sina.com （总编室）

# 生活需要仪式感

礼值

日复一日，年复一年，今天过得像昨天，今年过得像去年。

生活，好像越来越懒，越来越高效，却也越来越潦草。

有时恍然醒过来，问自己："这种日子到底过了多久？"

已经算不清了。

《小王子》里有这样的对话：

> "你每天最好在相同的时间来。"狐狸说道，"比如，你定在下午四点钟来，那么到了三点钟，我就开始很高兴。时间越临近，我就越高兴。等到了四点，

我就很焦躁，会坐立不安；我就会发现幸福的代价。但是，如果你随便什么时候来，我就不知道在什么时候该期待你的到来，我们需要仪式。"

"仪式是什么？"

"这是经常被遗忘的事情。"狐狸说，"它使某个日子区别其他日子，使某一时刻不同于其他时刻。"

生活是一条泥沙俱下的河流，对于任何一个愿意清醒一点儿的人来说，你想要活出不一样的自己，你就必须在自己遭遇的事情发生和结束时建构起某种仪式感，否则，你的生活要么会如白开水，要么会是一团乱麻。

仪式感之于生活，犹如钟表之于时间。

有人参加集体活动时蓬头垢面，却自以为不拘小节；有人喜欢贬低给女生送小礼物的男生，觉得这样的爱情太肤浅；有人在家里习惯冲自己的孩子大呼小叫，完全不在乎孩子的感受；有人无视朋友之间要礼尚往来，完全曲解"君子之交淡如水"的真意……很多人的生活都是不认真的。

一位哲学家说："跪下，动动嘴唇祈祷，你就会相信。"宗教仪式是单向的、静态的，而生活仪式是双向的、动态的——产生于人与人之间，彼此共同维护，它是人们在内心形成的共鸣。

仪式感，或许就是逼着你将生活的假象生生地撕开一个个口子，逼着自己，珍惜那来自内心的光亮。

光亮把整个人填满，所以，你感受到了自己。

你不再为了活而活，开始为细小的每一处感动留心，让每一丝满足被持续放大。

林清玄说："真正的生活品质，是回到自我，清楚衡量自己的能力与条件，并在这有限的条件下追求最好的事物与生活。"

生活，因为有了仪式感，就这样战胜了生存。

# 目 录

（肆）**亲情的仪式，从好好说话开始**

壹　△

人的成长
需要仪式感

# 用简单的方式，
# 过充盈的生活

囤积的杂物，疯涨的欲望，无时无刻不在为生活添
加重量。学会做减法，才能认识真正的自己。

△

日剧《我的家里空无一物》的主角麻衣，是个从小就舍
不得扔东西的收集癖。

她的家里，堆积着无数没用的东西。她觉得，就连一只
没水的签字笔，都保留着不可复制的回忆。

东西多得有时连书包都找不到，饭桌堆满了与吃饭无关
的物品。有客人上门，只能把大堆大堆的东西藏到隔壁房间。
她的妈妈和外婆，却还在不断为家里填充东西。她们认为只

有拥有得越多才越幸福。

直到有一天，发生了一场地震。地震过后，大部分家当都被毁于一旦。

麻衣看着整片废墟才明白，她真正需要的东西原来极少。物质能给我们带来幸福，但日复一日的购买和囤积那些看起来根本不需要的东西，会让自己的生活负担累累，有时候像个广告和生活的难民。

于是，她开始扔她的东西，只留下最需要的。结尾时，她躺在空空荡荡的地板上，在扔扔扔里，重新找回了生活的乐趣。

囤积的杂物，疯涨的欲望，无时无刻不在为生活添加重量。

学会做减法，才能认识真正的自己。

我们每买一样东西，都可以看作是在举行生活仪式。遗憾的是，我们买的很多东西都是相当偶然的，并不是我们内心的真实需要。只有当我们习惯于买某一样东西时，才会发自内心产生出一种仪式感。

△

约书亚·贝克尔，是一位美国的高富帅。按照世俗的标准来看，他简直是百分之百的人生赢家。毕业四年，他就成了十五家商铺的主管，年薪超过百万美元。

挥金如土的生活却没有给他带来多少快乐。在他看来，自己虽然拥有了许多金钱，却在生活中输得彻彻底底。

读大学时，约书亚学的专业是商业管理。他的理想就是每年挣五万美元，然后带着女朋友周游世界。毕业后，他很快就用拼命工作换来了五万美元的年薪。但带女友周游世界的愿望，他却忙得没时间实现。

一年后，他的收入又上了一个等级。他开启了透支健康的工作方式：每周工作八十小时，一年工作三百六十二天。三年后，他如愿升为高管，掌管十五家商铺，年入超过百万。

在他身边，已经很少有人能跟他比肩。可是他却觉得自己是个彻底的人生输家。

他的健康越来越差，性格越来越焦虑。因为无法陪伴妻子，约书亚每隔一段时间都会给妻子送上价值不菲的珠宝。妻子说"我只想和你吃一顿晚餐"。最让他难以接受的是，他曾经给母亲买了很多的礼物，却错过了母亲最后的离别。连年幼的儿子都说："别人的爸爸会教游泳、棒球，还会修理草坪，我的爸爸只会给我买玩具。"

妻子提出了离婚。

他生活在无止境的物欲里，陷入困境。我们总是以为自己要赚很多钱，拥有很多东西，才能过上幸福生活。

遭到双重打击的约书亚终于明白，生活的本质不是盲目累积，而是懂得选择，懂得珍惜。于是他毅然辞掉了年薪百万的工作，和妻子清理了家中一切多余的东西。

他准备了一个大箱子，计划把未来二十天用的物品存放进去。如果有的东西二十天后还没有用过，那它们可能再也用不到了。

第一天，他往箱子里放了二十八件东西。第二天，他放了二十二件。第三天，他放了二十一件……

就这样，他每天存放进去的物品越来越少。最后，他一共存放了二百八十八件物品。

那些没穿过的衣服，没用过的器皿，没用过的咖啡杯，没用过的手表和电子产品，统统被他清理了出去。

这样的生活，让他重新找回了激情。

后来，他开了一个介绍极简生活方式的博客，将这种生活方式推向了全美国。他用亲身经历告诉大家，只有用最简单的方式，才能过上最充盈的生活。

现在，约书亚已经成为一位专职的极简主义倡导者。他说："很多我们以为我们需要的东西，不仅不会让我们幸福，还会让我们分心，无法专注于那些真正能够让我们感到幸福的事物。"

有的时候，少才是多。

△

乔布斯是传奇，他的一生都活得很简单。

这位一手创下苹果帝国的天才，对生活有着无比清醒的认识。删繁就简，是他的人生铁律，也是他的成功秘诀。

每年，他都要带着一百名最有价值的员工进行一次外出集思会议，讨论出公司每年最重要的事情。

在这次会议上，他会站在白板前提问："我们下一步应该做的十件事情是什么？"大家争相提出意见。几轮辩论之后，他们就得出了十件"最应该做的事"。

但是，乔布斯会把其中的七件全部划掉，然后果断地宣布：我们只做三件。集思广益后，他只选择做最有用的事。苹果的产品设计，就是这样一个不断删减的流程。他做出的产品，往往拥有最简洁的设计。

在生活方式上，他也严格遵循着"简单"这一原则。数十年来，他一直保持着那身经典装束，一件简单的黑 T 恤，一条普通的牛仔裤。

在他的家里，东西更是少得可怜。

一张爱因斯坦的照片、一盏桌灯、一把椅子、一张床就是卧室的全部家具和装饰。他说，只希望身边出现他欣赏的东西。为了一张沙发，他曾经和妻子讨论了八年，买洗衣机都能上升到哲学问题。

在他看来，拥有得越少，才会获得更多的自由。

做减法，是一种难得的智慧。

活法简单，是典型的具有仪式感诉求的生活主张，旨在让自己特别肯定的生活方式反复出现在自己的生命中。

△

扎克伯格是全球最年轻的超级富翁，却只开一辆两万美元的轿车，住一套小型公寓。

他的婚礼极其低调，甚至显得有些寒酸。他在 Facebook 的主页上，把极简主义作为个人介绍的一个关键词。他早餐喜欢吃一碗麦片粥，比起开车，更喜欢走路上班。他的衣橱里，最多的就是浅灰色T恤和深灰色连帽衫。

他说："我买了很多件一模一样的灰色短袖T，我想让我的生活尽可能变得简单，不用为做太多决定而费神。因为选择穿什么或者早餐吃什么这些小事都会耗费精力，我不想把精力浪费在这些事上，这样我才能把精力集中在更好地为社会服务这些重要的事情上。"

删繁就简，才能集中精力。

扎克伯格这样的人，日常中更愿意寻求稳定的生活习惯，例如吃麦片粥和穿灰色的衣服。这些看似单调的生活习惯，恰好说明扎克伯格比一般人更在乎生活的仪式感，因为任何有建设性的仪式都需要简单重复。

△

香港富豪李嘉诚，曾经创下一个又一个的商业传奇。他的生活，却意料之外的简单。

他是地产大亨，却不住豪宅，只住在一九六二年婚前买的老房子里。他的一套西装可以穿很久，戴的手表市价一千港元，已经戴了十年。上班时，他和员工一样，一起吃公司的工作餐。最神秘的还是他的办公室，虽然只有二十平方米，办公桌上却简洁得出奇。偌大的办公桌上，只有一沓很小的便笺纸，两支笔，一副放大镜。

他说，放那么多文件只会显得杂乱，今天要办的事，今天就一定要办完。

△

台湾作家舒国治是一个很会玩的人。他活在现代，生活却简单得像个古代人。

他没有车，行路基本靠走，家里没有空调，没有冰箱，没有彩电，没有存款，没有负债。

他追求简单。

青年时代，他认为自己需要探索生命，于是就潇洒地收拾行囊，去世界各地体验生活，靠写专栏挣点工资。

他选择了一种极简的生活，抛出了生活中大半的东西。

因为明白自己到底想要什么，所以他无家、无产、无债、无子也不觉得不安，衣服只有几套，经历却丰富至极。

抛去多余的，才能听到自己内心的声音。

△

很多人以为，想要活出仪式感，就必须要大批大批地扔东西。

其实，我们只是要剔除多余的杂物，学会在生活中做出选择。选择那些对于你来说真正重要的东西。

爱因斯坦到荷兰大学执教时，拒绝了一切高规格的招待，坦言自己只需要桌椅、床、食物和一把小提琴，除此之外都是多余。

我们的人生中，也充满了很多我们自以为需要的东西。要想好好生活，我们需要一场和自我的断舍离：了解自己的真实欲望，不盲目浪费自己的时间和精力；明晰自己的需求，不买多余的东西；懂得节制，将精力留给自己珍视的东西。

我们的生活需要去繁从简的蜕变。

当我们开始丢掉用不上的东西时，就是在告别不真实的自己，在告别无止境的欲望，在告别潦草的生活。

# 人的成长
# 需要仪式感

　　我们终于还是戴上了紧箍咒，圈住了昔日的梦想，圈住了棱角分明的个性。成熟是一个很痛的词，它一定会失去，但不一定得到，人的成长需要仪式感。

△

　　二十年，弹指一挥间。

　　《大话西游》纪念版在院线上映时，你我当初的青涩已换为沧桑。有观众去影院重温旧梦，一个人坐在角落，一个人听完最后的音乐。工作人员来催："姑娘，电影都播完了，人也走光了，你是在等谁吗？"

　　"我没有在等谁啊，我应该是在追，追那段追不到的往事。"

有人说，为什么这么多年过去，还要把同样的片子拿来放映？

大银幕里的周星驰还是那么帅，现在周星驰已经老了，自己也不怎么演了，难免有些怅然；大银幕里的朱茵也是那么漂亮，跨越时空的美丽依然激励人心。大银幕上再现我们记忆中的美好，有一种仪式感，让我们的成长找到了一个极佳的节点，这个节点是我们的青春在时间中留下的痕迹。

就算有另一部崭新的《大话西游》，就算有另一个多才的周星驰，就算有另一个深情的紫霞仙子，我们也不会再有另一段青春。

在影迷心中，《大话西游》永远是挚爱的经典，随着时间的沉淀被人嚼出心酸和甘甜，让人笑中带泪。

朱茵饰演的紫霞仙子，是尘世里每一个痴男怨女，从娇俏明媚到最后求而不得的悲怆，一颦一笑，纯澈与伤怀，都诠释得入木三分。

眨眼时星辰漫天，望着至尊宝时眼里的温柔与爱意，使她看起来像个精灵；伤情时星河骤灭，安静滑落的一滴泪，又像是随时会破碎的瓷娃娃。

她的眼睛里，一悲一喜，都是无法言明的情绪。

许多人说，朱茵和紫霞仙子，在那个女子牵着毛驴，盈盈走出时，就活成了一个人。

如该片导演刘镇伟所说，朱茵就是紫霞仙子，根本不用教她太多，她演的就是自己，一个追求爱情的女孩子，为了爱甘愿死掉。

△

朱茵出生在一个幸福美满的家庭中，父母相濡以沫，平淡而绵长的爱情也影响了朱茵，她每次都把最纯真的期待投入爱情中。

十八岁，遇到初恋。男友是她在聚会上一见钟情的学长，他戴着黑框眼镜，谈吐不俗。

朱茵个性乐天、阳光，但学长为人内敛，不愿与生人多接触。为了恋爱，她放弃了很多与朋友交流的机会，矛盾积水成渊，最终两人分手。

第二次人尽皆知的恋爱，她伤得更深，也恨了更久。

《大话西游》中有一幕有关一万年的对白，无数人记忆犹新。那是至尊宝的托词，紫霞仙子却当了真。

一九九一年，周星驰与朱茵合作《逃学威龙Ⅱ》，擦出爱情火花。戏假情真，浓情蜜意。

可是他们猜中了开头，却猜不中这结局，一万年本就是个弥天大谎，对至尊宝来说亦然。

分手的原因猜测很多，也许是地下情的无奈，也许是传得沸沸扬扬的第三者绯闻，扑火的飞蛾，燃尽了自己，故事便走到了结局。

"在这三年半，我流过的眼泪实在太多了，受的痛苦也太深了，总之人生恋爱应该尝到的喜怒哀乐，我已经全都尝过了。"她肝肠寸断，泪洒记者会。

从此，周星驰被朱茵归为"不会原谅的人"：至尊宝到底是渡不了紫霞仙子的，因为他甚至渡不了自己。

从《大话西游》到《降魔篇》到《伏妖篇》，西游的故事，《一生所爱》的主题曲，一遍又一遍。

没有人知道他在执着什么，或许是那份旧时光里的情怀。"苦海翻起爱恨，在世间难逃避命运。"人这一辈子，最怕突然听懂了一首这样的歌词。

一首歌是一个故事，是一段回忆和一些人。有些人相隔万里没有时差，就像你戴上耳机时出现的那些歌，永远那么恰到好处。但曲终了，人便散了。

周星驰一直不厌其烦地拍"西游"题材的电影，正如他一直没有结婚，也许他认为自己与朱茵的爱情成了无法跨越的坎，他通过反复拍"西游"电影，来实现他与朱茵之间爱情的永恒追问。又或者，周星驰本人并没有借助反复拍摄"西游"题材电影来追忆他和朱茵的爱情，他想借此构筑的这一精神仪式感无关于爱情，只关乎自己的事业，或者是思想观念。可是，对于大银幕前的观影者来说，会不自觉地通过"西游"题材电影，想象银幕背后的周星驰和朱茵的爱情。

△

幻影里的夕阳武士，借风沙迷了眼，抱紧眼前人。这世上，比登仙更难的大概就是做鸳鸯了，芸芸知尊人，有谁活得不辛苦呢？

《喜剧之王》中有一个很心酸的镜头：当周星驰被告知要成为一部戏的主角之后，他没有问能不能出名，只问了一句"有没有盒饭？"

没有盖世英雄，更没有什么七彩祥云，你，以及你的意中人，都只是生活在这个世上的普通人。

人生啊，真的要学会面对很多困难，有潦倒，有情伤。

时光散去，周星驰会叹"我现在这个年纪应该没机会（结婚）了吧"。

故事尽头，朱茵终于放过自己："时间去把之前的脓啊、血啊流去以后，你要重新去爱自己。"

很久以后才明白，每个人来到你生命里，都自有其意义，但最难的是平静面对离别；吊诡之处则在于，当你学会坦然接受离别时，那个人已经在你心里，永远不会走了。

多年后再提起，她说，有好的作品会再合作。但紫霞仙子已不再需要这个盖世英雄了。

朱茵和周星驰是不一样的，她不愿意活在过去错失的美好可能里，她对爱情的态度要现实很多，该放手时坚决放手。她的放手，不是对爱情放手，而是对不相信他们两个人爱情的周星驰放手。也许周星驰愿意在自己失去的爱情里继续独自徘徊，朱茵不愿意，她更愿意在自己在乎的爱情观里获得新生，寻找到新的合适的人。她不会像周星驰那样，用反复拍同一题材的电影的方式去缅怀只属于他一个人的爱情，她更愿意在平凡的生活日常里拥抱属于两个人的爱情。他们没有在共同构筑起来的的爱情仪式里拥抱住彼此，所以分开了。

二十七岁那年，朱茵遇到了 Beyond 乐队的黄贯中，他所有的细心与疼爱，弥补了她在戏中的遗憾。

有一次朱茵去黄贯中家，进门后，她顺手拿起一旁的垫子围在腰间。这件事朱茵毫无印象，但黄贯中记住了，他知道，这个女生把自己的心遮得严严实实，缺乏安全感。

恋爱之后，无论黄贯中几点下班，都会开车到朱茵楼下，跟她打个招呼——"下班了，我回家了，晚安。"

他知道朱茵之前的地下恋情，所以追求时从不藏藏掖掖，不怕被拍，从不在意身边是否有记者。

黄贯中说："知道为何我一直那么倒霉？做任何事情都要比常人付出更多努力吗？因为我的运气，全都用在朱茵身上了。"

如今他们有个可爱的女儿，过着安稳的生活。朱茵不再是那个等着心上人驾七彩云来娶自己的小姑娘，也不再追忆与至尊宝的遗恨。

当年，她与紫霞仙子恍若一人；如今，她与紫霞仙子渐行渐远。

△

年轻时看《大话西游》，看到的都是笑点，如今再看，却更多心酸。我们终于还是戴上了紧箍咒，圈住了昔日的梦想，圈住了棱角分明的个性。

成熟是一个很痛的词，它一定会失去，但不一定得到。那些痛苦的，轰轰烈烈的，都归于平静。

时光在朱茵身上留下的，是成熟与精致；而时光从我们这里偷不走的，是青春与情怀。

观看《大话西游》在某种程度上充当了一代人的成年礼，它是关乎爱情的，让每个人视之为自己的爱情的背景板。我们通过反复观看这部经典电影在一定程度上确立自己爱情认知，于是观影本身成了一种仪式，这影响着我们的成长，也影响着我们的成熟。

# 看起来很努力的人，
# 有时很傻

　　努力，是成功者的借口，却又必不可少，是失败者的慰藉，尽可怨天尤人。一个人被自己的事迹感动得稀里哗啦，别人却可能认为你傻。

　　△

　　身边不乏这样的人：每天都在熬夜学习，可考试结果不尽如人意；每天都是最后一个离开公司，可月末报告时总挨批；每天都去健身房锻炼身体，过了好多个三十天，还没练出马甲线。

　　整天熬夜读书，没事就会刷手机，"朋友圈"的点赞和评论数他最多；总是熬夜加班的，往往效率低下且拖延，白天磨洋工，晚上赶夜工；看起来去健身房锻炼的，实则没在跑步机上待几分钟，只是在"朋友圈"秀汗水。

好好学习，努力工作，认真生活，这都是人们的共识，当我们无法将这些共识化为自己的内心认同时，所有看似正向的行为，都可能变成自欺欺人的生活仪式。

相比于整天无所事事的人来说，他们已经很正能量了。但显然，毫无意义。他们忙忙碌碌，却又碌碌无为。时间虚度，空留疲倦。

以前同宿舍一个姑娘，是公认的拼命。

每天早上六点起床，埋头读书、做题，一坐就是一整天；熬夜是家常便饭，"朋友圈"时不时能刷出她凌晨三点的状态，对世界道一声晚安，有人称赞她"努力""正能量"的评论不断。

她的付出与回报并不对等。她成绩很差。这个困惑直到我们一起考研，才得到解答。

原来她每天坐在书桌前，不全是在学习：翻一会儿书，就忍不住拿起手机刷一下；因为起太早，容易犯困，于是经常在图书馆补觉；熬夜时随手发一条励志"朋友圈"，之后的时间和注意力全都用来回复大家的评论与点赞。

熬夜学习，最后变成了熬夜刷手机。

考研失败，理所当然。

上天不会亏待努力的人，也不会同情假勤奋的人。

有时，付出了时间，并不等于努力了，你随时可以被取代。

就像《穿普拉达的女王》中安迪没把工作做好，被女魔头训哭后跑到奈杰尔那里诉苦，反被奈杰尔教训：

> 如果觉得累，辞职好了。我可以在五分钟内找到一个很想要这份工作的女孩顶替你。你根本没有努力！你在抱怨！你希望我对你说什么？要我说"真可怜，马林达又欺负你了，真可怜，可怜的安迪？"她只是在做她的工作，而你还抱怨她为什么不亲吻你的额头，每天都给你的作业批个金色五角星。醒醒吧，亲爱的！

任何没有计划的学习，不过是作秀罢了；任何没有方向的努力，也不过是自欺欺人而已。

△

真正的努力，需要仪式感。

正如韩剧《孤独又灿烂的神—鬼怪》中演的那样，拥有超能力的男主角金信一九六八年在巴黎遇到了一个打工少年，他给了少年一个三明治，并使他免于虐待。

因为知道了奇迹的存在，有了明确的目标想要偿还三明治的钱，男孩通过自己的努力成为了律师，还帮助了许多有困难的人。

四十八年后，男孩已经七十多岁，即将走完这一生时，金信为他送行，说："我给数千人递过三明治，但像你一样前进的人却很少，一般人都会停留在奇迹发生的瞬间，请求我再帮他们一次，就好像把奇迹寄存在我这一样……你的人生是你自己改变的。"

金信给数千人递过三明治，这个男孩将别人给他递三明治这个动作，看成是一种仪式，并以此明确未来的生活方向。

是啊，老天只会眷顾朝着目标真正努力的人。而那些指望通过麻木努力来自我感动，等待奇迹再次发生的人，终其一生，也只能困顿度日。

我们经常只是看起来很努力，并且只是轻易地感动了自己。

如同微博上说的那样：

> 熬了几次夜就觉得鞠躬尽瘁，坐了几站地铁就觉得漂洋过海，没有吃晚餐就觉得一九四二，没人打招呼就觉得百年孤独。

世界上最愚蠢的，莫过于自己感动自己。

一个人被自己的事迹感动得稀里哗啦，别人却觉得你是个傻瓜，这样的努力只属于你自己的仪式。

△

曾经看过一个新闻，一个男生和女朋友吵架后，为求得原谅，在女生宿舍楼下跪了一天一夜。他可能觉得自己很伟大，很痴情，几乎连自己都要被自己的行为感动了。

殊不知，这样的求爱仪式太幼稚，有股胁迫的意味，让女生承担了不该有的压力。自以为是的救赎可以感动自己，但感动不了别人。

故事的结尾，女生并没有原谅男生，他的努力，并无意义。

恋爱中自己感动自己的最高境界是：你一定也很爱这么爱着你的我吧！

因为自己有付出，深情到义无反顾，痴缠到感动自己，所以理所应当觉得对方也会被感动，这，毫无道理。

若是该理论成立，电视剧里又怎么会有那么多痴情男二、幽怨女二存在呢？

喜欢一个人，仅凭努力，怎么足够？

这个世界，很多时候是结果导向的，没人在乎你付出了多少，没人关心你为此受过多少磨难，他们只在意，你有没有把事情做好。

△

无印良品的社长松井忠三说："面对工作，若只像少年棒球队的孩子一样，笼统地保持着我要努力的心态，是最糟糕的。业余的世界还能容忍这样的心态，但在专业的世界里，如果努力过后没有成果，只会被大家认为你能力不足。"

努力，是成功者的借口，却又必不可少，是失败者的慰藉，尽可怨天尤人。

真正努力的人，没时间感动自己，因为一直要专心做一件事，用心坚持，决不放弃。

过多地炫耀自己的努力，是没有底气的表现。

没什么拿得出手的成绩，只能通过勤奋标榜自己。

除非你知道自己要成为什么样的人，否则你的努力不会奏效。

# 经济不能自立，
# 自由就得受委屈

经济如果不能独立，则啥子都不用谈，衣食住行全靠他人施舍，却口口声声不愿做附属品，哀莫大焉。

△

《欢乐颂 II》难缠的婆婆们相继登场。和准婆婆的正面交锋，樊胜美一直处于被动。被恶言相向，甚至人身攻击，却毫无反击的能力。

同是斗智斗勇，安迪对包母则显得游刃有余。让人印象深刻的，应该是在安迪怀孕后，包母找安迪谈判的那段戏。包母认为安迪觊觎包家的财产，想要用孩子做筹码，嫁进包家。安迪则理性分析了现实，并表明自己无意结婚，霸气地说："我结不结婚是我自己的选择。"

都是在经济上遭遇质疑，两人却有不同的处境。

安迪并不把包母的问题当问题，谈笑间"就当是新旧观念的交流"。因为安迪的经济条件太好了，她甚至有底气怼准婆婆说："我比你家有钱，咱们之间是平等的！"

但樊胜美却为准婆婆那句"你看你生得这么漂亮，外边肯定有大把的有钱人会帮你养家，我儿子的事业才刚刚起步，他养不了你家"而崩溃。因为她没办法去否认那些恶言恶语背后的现实。一家六口，只有樊胜美有工作能赚点钱。哥哥整天不务正业，爸爸瘫痪在床，加上四岁的侄子和年迈的母亲，一家人每天都伸着手跟她要钱。

若要结婚，她的家累必然要王柏川替她分担。所以尽管难堪，樊胜美却没有反驳的底气。

樊胜美的烦恼，也是很多人的现实。不少人认为有工作，能拿工资了，就算是自食其力。其实未必。

俗话说"门当户对"，经济能力不相当的人硬往一起凑，在双方的内心达成的情感契约经常是无效的，因为这并不只是两个人的事，而至少是两个家庭的事。

△

车是爸妈给买的，房子首付是爸妈给交的，工作是爸妈给找的，孩子是爸妈给带的。每次遇到人生的重大决定，都少不了父母的插手。

经济能力支撑不了对生活的野心，生活上、精神上仍需要依赖父母，摆脱不了父母事无巨细的照顾。

在家靠父母，出门靠父母打钱，在他们面前说话，就会毫无底气。即使他们爱你，会给予你支持，但在许多重大事情的选择上，对不起，你的意见一边去。

这个结果与家人爱不爱你没什么关系，只是你连养活自己的能力尚且没有，实在没法信任你有能力做好决断。

人的自信很多时候是先建立在物质层面。嫁了梁朝伟的刘嘉玲参加《金星秀》。金星八卦道："听说你有八个亿的资产，是这么回事吗？"她骄傲地回答说："我不止八个亿，我整个人是无价的。"

她有外在的身家，也有对自己价值的肯定，而身家支撑着她说这话的底气。

《蜗居》的编剧六六甚至在记者采访时称赞她："跟与她

同期的女演员比，比她好看的、比她成功的太多了，可到今天为止，还站在荧屏上的，能够代表她那个时代的女星，她是唯一一个。"

所以当别人攻击她，说她曾被绑架拍裸照，根本配不上梁朝伟时，她能云淡风轻地说出"是我选择了梁朝伟"这种话，因为她已经足够优秀。

不管是父母和孩子之间，还是夫妻之间，都存在一条经济纽带，基于各自的经济实力，彼此遵循着。

△

如果经济不能自立，自由就得受委屈。

我一远房表姐结婚时，我们都还挺羡慕她。表姐夫长得一表人才，能力也不错，谈恋爱的时候，对表姐也颇为殷勤。

结婚以后，她就辞了工作，安心在家照顾老人，生孩子带孩子。表姐夫结婚没多久，就出远门做工程了，几个月回家一趟。

没过两年，就听家里人说，表姐夫在外面傍上了一个挺有钱的女人，想跟表姐离婚，跟那女人去国外。

表姐声嘶力竭地控诉："我这两年帮你照顾着一家老小，你就这么报答我？"

她婆婆直接回："那是我儿子养着你！你有什么资格跟他发脾气？你挣一分钱了吗？"

这话，表姐无力反驳。以她当时的处境，别说抚养孩子，连自己的生计都成了问题。

之后经过交涉，两人还是保持了婚姻关系。

想离婚却没有勇气，一个人养活不了孩子，这就是被衣食牵绊住了自由。

你可以选择经济不独立，前提是能接受这种后果。

△

亦舒在《寒武纪》中说："经济如果不能独立，则啥子都不用谈，衣食住行全靠他人施舍，却口口声声不愿做附属品，哀莫大焉。"

恋爱时吵架，想冲着对方大喊"你给我滚出去"，想了想，这是别人家，话到嘴边咽了回去；职场不如意，想拍桌子走人，想了想下个季度的房租和自己的银行卡余额，只能默默坐回去；对父母安排的相亲不满意，但一想到每个月还得靠父母救济，只能听从他们的安排。

经济上难以独立自主，就相当于把生活的自主权让给了别人。既要依附于别人生活，脾气还大，在别人眼里就会变成个笑话。

# 你不能只是羡慕
# 别人过得好

　　害怕远离故土，远离气味相投的朋友。抛舍不下这
　　份舒适惬意的温暖，就像寒冬早晨不敢钻出热乎乎的
　　被窝。

△

　　《欢乐颂》里邱莹莹失恋失业，心灰意冷，对父亲说"我不想在上海待了，我们同学都回老家了，他们回去以后，要房有房，要车有车，还有家里人照顾……"。

　　表哥就是邱莹莹口中那个回老家的"同学"，大学毕业在深圳待了半年，苦于压力，回老家找了份文员工作。

　　现在到了成家的年纪，家里人天天张罗着给他相亲，可表哥嫌小县城的姑娘入不了眼，反倒羡慕起在大城市的同学

圈子广，认识的朋友多。

眼红别人日子过得风生水起，自己却守着圈子里的一亩三分地不愿走出。村上春树有个形象的比喻：害怕远离故土，远离气味相投的朋友。抛舍不下这份舒适惬意的温暖，就像寒冬早晨不敢钻出热乎乎的被窝。

生活平淡如水，工作单调重复，"朋友圈"能发的只有公司广告；出行永远在两点一线之间，微信运动稳定在三千步不动；最大乐趣是与同事八卦，最纠结的是晚饭吃什么。复制粘贴般的日子，一眼就能望到二十年后的景象。

一成不变的生活，习以为常的无聊，看似忙忙碌碌，实则毫无进步。

△

之前看到关于中国留学生小圈子的新闻报道。约有64.7% 的受访留学生表示交际圈中，本国朋友占到 50% 以上，在需要倾诉或陪伴时，他们基本会选择本国朋友。

初到国外，独自面对陌生的文化，结识同胞无疑为在外的求学生活增添了几分慰藉。久而久之，学习组队，出门玩耍，吃饭做菜，围绕在身边的都是国人。

他们待在自己画好的小圈子，那里没有语言不通、环境不熟的困扰。沉浸在"温柔乡"，舒适成了懒惰的帮凶，温水煮青蛙般，将意志消磨殆尽。

领导力大师诺埃尔·蒂奇将人的技能层次划分为三种，最里面为"舒适区"，安全感最强，万事尽在掌控；中间为"学习区"，具备一些挑战性，努力过程中会有些许不适；最外层为"恐慌区"，这里的事情超出能力范围太多，使人崩溃。惰性使人愿意待在舒适区内，明知是坐井观天却仍愿意做那只温水里的青蛙。而所谓的走出舒适区，其实就是克服痛苦和恐惧的过程。艾力在《人生的 84000 种可能》中写道："很多人终其一生都被束缚在小圈子里，没有勇气跳出来，还自我安慰说：'外面风浪太大，冲出去也不可能成功，鲤鱼跃不过龙门。'"

多少人就这样把自己困死在了小圈子里。

△

电影《疯狂原始人》中的克鲁德家族是享受舒适圈的代表。家训是"新事物是坏的，好奇是坏的，千万要小心"，只有洞穴最安全，这样的生活乏味到让女儿小伊产生"我们现在这不叫活着，这只是没有死去"的质疑。

一次意外使克鲁德家族逃离洞穴，开始新的探险。一路上虽有重重危险，却也见到了奇幻美妙的森林，色彩斑斓的虫鱼鸟兽以及耀眼迷人的满天星斗……

影片温情，生活却很现实。面对一成不变但又相对过得去的生活，有多少人会试着去改变呢。很多人只愿窝在舒适区，困在固有的交友圈，认为人生就是这样，生活就是如此，然后，把一切归咎在命运头上。

△

世界顶尖关系网络科学家罗恩·伯特曾表明，交际圈宽广的人受到的评价更高，更容易成功。

央视女主播张泉灵从央视离职，进入创投界时已经四十二岁。当她第一次提出要离开时，身边人都在阻拦，因为"改变就有成本"。

可张泉灵有种危机感："世界正在翻页，如果不够好奇和好学，我会像一只蚂蚁，被压在过去的一页里，四十二岁虽然没了二十五岁的优势，可是再不开始就四十三了。"

诚然，走出舒适圈不是一句"为了梦想"就能成功的，时间、金钱、家庭、能力等，都是束缚。有人努力逃离小圈子，父母却拼命往回拽；有人毅然辞职搞创业，对爱好、方向却一无所知。有人想周游世界去探险，尚未填饱的肚子却在抗议；在决定跨出小圈子前，可以像美国布兰戴斯大学教授安迪·莫林斯基建议的那样，先问自己三个问题：我做好万全准备了吗？这个挑战真的是我想要的吗？现在这个时机对吗？

一味随大流跳圈子，是给自己找别扭。不是逼自己离开熟悉的环境，就能平步青云。真正需要挣脱的不仅是生活的圈子，更是内心的贫乏。

拒绝学习，拒绝改变，拒绝进步，小圈子的围城走到哪儿都逃不出。

△

正如广告女王庄淑芬所说："舒适圈这件事，不是跨不跨出去的问题，而是把自己的舒适圈'扩大'。随着环境改变、自己的能力与经验不断增加，你的舒适圈自然会持续变大。与其为自己画出一个个独立的小圈圈，然后强迫自己从一个跳到另一个，不如要求自己每天进步一点。让能力持续累加且相辅相成，让自己的守备范围愈来愈大，甚至，让全世界都变成你的舒适圈。"

弄清方向，提升自己，"圈子"自然而来。

# 你这么善良，
# 会活得很差吗

是的，你不是接盘侠，你付出那么多，连盘子都没摸到。

△

圭臬无一不在教育：要做个好人。

我当然不否认做个"好人"的重要性，就像我们都很感激那些在大雨中为我们撑伞的人，陪我们哭的人，在黑暗中向我们伸出一只手的人。

善良让这个世界更有温度。但是有太多好人做过了，变成了烂好人。

电视剧《福根进城》中，福根就是典型的烂好人。他和女朋友灵芝来自农村，为了陪灵芝读大学，初中文化的他跟着进城打工。虽然在城里百般不适应，但是依旧坚持为灵芝赚学费。而上了大学的灵芝渐渐看不上福根，并且爱上了自己的同学——远航，即使如此，福根还是坚持给灵芝生活费。烂好人福根丢了女朋友还不够，在生活上也受人欺负。他买彩票中了奖，却被朋友骗了去，自己一点好处都没落得。反应过来的福根只能自责，还连累自己的哥哥嫂子进城为自己讨公道。

虽然在这部电视剧中，福根结局最终还是和灵芝在一起了，因为远航后来移情别恋。这似乎也验证了那个道理：傻人有傻命，傻人有傻福。

直白点儿说就是：老实人最终成了接盘侠。

△

我见过太多不小心就为他人做了嫁衣的傻男孩。一心一意为着一个女孩好，自己舍不得吃穿也要为她买齐想要的口红，自己信用卡都刷爆了也要把她捧成小公主；即便付出那么多，还是没有拉她手的勇气。

她呢，不知是真不懂，还是揣着明白装糊涂，总之，享受完了所有女朋友才有的权利之后还是不属于你，甚至明目张胆、大言不惭地笑着说"有你这个朋友真好"，你隐隐听到她把"朋友"两个字咬得那么重，生怕你误解成"男朋友"。

这让我想起小时候刮奖刮出"谢"字还不扔，非要把"谢谢惠顾"都刮干净才舍得放手。你的拧巴生活成就了别人的精彩人生。是的，你不是接盘侠，你付出那么多，连盘子都没摸到。

这些烂好人在我们生活中随处可见，他们见善如不及，他们成人之美，他们是君子，他们似圣人，但是他们也懦弱。

你不应该一厢情愿，你们之间的情感缺少共识，对方不领情，不管你怎么讲究，最后也是白搭。

△

读书时，我在社团认识一个女生叫程方，她是一个好姑娘，一直固执地觉得生活就是"投我以木桃，报之以琼瑶"，她坚信"平生多识趣，不可讨人嫌"。

每天晚上，她会主动帮室友把热水打好；考试前，会把自己的笔记复印，帮大家划重点；会主动帮认识的人拿快递……她也曾和我谈过，很想果断地拒绝别人。但她做不到，害怕别人因此生气，害怕让别人失望。

但是，她的付出似乎并没有得到别人的认同与感激。期末考试即将来临，当所有人都在复习备考的时候，社团里的学姐让她出去采访写稿子，这本该是学姐自己的任务。

他纠结了好几个小时，终于决定拒绝，但在第二天，还是心有不忍，接下了任务。当程方好不容易完成这个任务时，考试只剩下一天了。她匆匆忙忙，心有不安，准备通宵抱佛脚，然而学姐又来找她做事情。我不知道她是怎么协调的，只记得第二天她带着红肿的眼睛进了考场，当然，收获的是挂科。

△

生活是很残酷的，你为别人做了一切，最后可能是没有回报。当然，也许在她看来，自己花费了大量的时间和精力去做好每一件事，她甚至牺牲自己的复习时间来为别人做事情，别人总会记着她的好。她践行着自以为正确的价值观：不能让别人为难，一切以别人的利益为先。但是，结果呢？结果却是在旁观者看来，她皮糙肉厚耐抗，很好用，仅仅是很好利用。

烂好人可能也很为自己的这些表现感到生气，但他们无法改变自己。因为不够自信，太在乎自己在别人心目中的形象。

电影《求求你，表扬我》中，民工杨红旗的父亲生活窘迫，常年卧病在床，但家里的墙上挂满了奖状，多次被评为劳模，受尽表扬。政府补助他一分不留，全捐给了希望工程。哪怕自己过得一团糟，也要做尽好事求一份清誉。这份善或许是许多人无法企及的，但杨父对于求表扬的执着，害苦了一位想维护名誉的女大学生。

很多烂好人都太在乎外界的眼光，他们活得不自在，甚至连自己做的"好事"也带着暧昧的小心思。

最可悲的是，有些烂好人在现实中做了很多让步，几乎牺牲了一切，却没能比别人收获更多，甚至还招来最理直气壮的恶意。

△

布里斯托一名九十二岁的老太太跳桥自杀，善良的老人每个月都会收到超过两百六十封的信件和电话要求她捐款帮忙。一些机构还故意把她的私人信息泄露，这样很多人就可以向她伸手。

她将自己的退休金捐光，过得也很贫困，但她无法对那些写信要捐款的人说"不"，最终的结果就是在她寄给儿子的两百五十英镑被偷后，她绝望自杀。

你看，《农夫与蛇》不只是童话故事。毕竟，软柿子做久了，谁都会想来捏你。

# 你总想着别人，
# 谁想着你

顾及别人的感受不是坏事，但是不要让别人对你无所顾忌。而他人对你毫无顾忌的根源是，你不懂得拒绝。

△

世界上好人有很多，其中一种叫作老好人。老好人谦卑和善，不擅拒绝。自以为人缘极好，深受喜欢，却不知一直在被人利用。

你可能也对这种人鄙视唾弃，然而在生活中，很多人都不自觉地成为非典型的老好人。可能是在工作中，也可能在爱情里。

他们总是因为顾及别人而压抑自身感受，直到看清真相后，才发现没有一个人可以抚平自己内心的伤口。这样的人，真是可怜。

职场上这种人非常多，尤其是新人。因为初来乍到便小心翼翼，畏畏缩缩。明明自己很忙，也不好意思拒绝。明明受到不公平的待遇，也不敢吭声。就像便利贴一样，用过之后就可以被随便抛弃。呼之即来，挥之即去。

△

《派遣员的品格》里，新进员工森美雪误以为自己弄坏了咖啡机，为了弥补自己的过错，也为了塑造自己可信赖的形象。她开始帮忙买咖啡，也帮忙带烟。

从此一发不可收拾，前辈同事们开始使唤她做这做那，她成了一个跑腿的派遣员。即便她也不想做这些事，却难以开口拒绝。然而费力也未必讨好，她被其他的新员工吐槽没有自尊，勾引领导，深受排挤。

她试图拒绝时，也遭来一片嘘声。她总是顾及别人，可别人有那么多，永远无法面面俱到。

毫无原则去迎合别人，结果只能被践踏。

△

《欢乐颂》中的关雎儿也是一样。初入世界五百强公司，临近考核之际每一步都如履薄冰。同事米雪儿说自己生病了，想让她帮忙做剩下的工作。

她虽然也很忙，但是考虑到米雪儿的身体，还是答应了，做完后签下了自己的名字。后来米雪儿的部分出现了重大失误，最终责任却都推到了关雎儿身上。因为她是最后签字的那个人。

公司的制度就是如此，你考虑别人，但制度不会考虑你。

△

工作如此，爱情亦然。《请与废柴的我谈恋爱》里，女主角"废柴"柴田美知子已经三十岁，又遭遇失业。

然而就算自己每天吃不饱饭，她也要省下钱给年轻的大学生男友买昂贵的包。

不仅带着他去高档餐厅，还陪他去商场购物，刷爆自己信用卡只为满足他所有的需求。

男友吃肉的时候她肚子咕咕叫，还掩饰说自己不饿。

男友问"可以收下这么昂贵的礼物吗？"她说当然可以，撒谎自己刚发工资。

只要看到他那帅气的笑容，她就觉得全身心都被治愈。

后来男友说母亲生病住院，他无法凑齐一百万日元的医疗费。

柴田看着小男友哭得我见犹怜，她决定贷款来筹钱。为了让他没有负担，她谎称这是自己的存款。

拿到钱的男友不久又找上了她，原来他的父亲也病倒了，医疗费同样是一百万。她明知这或许是欺骗，自己也没有能力，却还是不忍拒绝。直到朋友提醒她这是诈骗，帮她讨回公道要回钱。

看着小男友从银行取出钱的那一刻，她幡然醒悟。问他："你多少对我动过一点心吗？"答案当然是否定的。

美知子的行为虽然有些夸张，但在爱情里，有多少人单方面盲目付出，甚至忘了自己。你为了那个人低声下气，灰头土脸，也换不来永远。

你的执着付出，被视为理所当然；善良单纯，也被当作软弱可欺。如果那个人并非真心，怎么会为你考虑？你都不在乎你自己，还指望谁来在意？

无论是森美雪还是美知子，本质上都是非常善良的人，总是考虑他人。生活中那些顾及他人感受的人，往往都是情商非常高的人。

他们善于察言观色，也知道什么样的举动和言语最让人舒服。大到事情的处理，小到微信的一个表情。他们考虑别人胜过自己，是典型的"付出型"。

有些人吃一点亏都哭天抢地埋怨自己，他们却认为吃亏是一种福气。顾及别人的感受不是坏事，但是不要让别人对你无所顾忌。而他人对你毫无顾忌的根源是，你不懂得拒绝。

不管会不会占用你的私人时间，不管这要求会不会侵犯你的个人利益，你都会同意。

你怕拂了别人的面子，所以宁愿牺牲自己来给予帮助。但是这些别人并不了解，他们只知道找你帮忙你会答应。

△

太过轻易得到的东西，最初让人欣喜，然后他们就会将你的付出看成理所当然，这就是人的劣根性。

所以你要把握好这个度，有时不卑不亢的拒绝胜过逆来顺受地点头。

人们总是习惯于依附强者而践踏弱者，但你放低自己的底线去迎合讨好时，那些人自然凌驾于你。

寻求帮助永远都是一个疑问句，询问你时他心里已经有了你会拒绝的预期。学会拒绝别人，既是对自己负责，也是为了赢得别人的尊重。真正聪明的人要懂得顾及他人，同时让人感激。

不要藏起你的真实情况和不易之处。要懂得委婉说出自己的付出。谁规定做好事不能留名呢？

总是考虑他人，但是大家都以为你做的事是举手之劳，谁还会顾及你？而对于那些自诩聪明在背后嘲笑你傻，自以为占了很大便宜的人，以后你也无须顾及。

谁也不是真傻，因为有了感情才愿意不计回报做一些"蠢事"。

既然他们不顾情谊，你也不必在乎。还要感谢上天，让你看清了他们的真面目。

## 女人不想结婚，
## 男人却想娶个保姆

她跟你在一起，但不想结婚，是对你没信心，对未来没信心。

△

大学时的班长是个雷厉风行的女生，做事果断明快。我们都以为她将来会是职场上的一个女强人。

当她放弃保研时我们都惊呆了，老师也劝她许久，她说，我不为学历读书。

许久不上 QQ 空间，最近发现她晒孩子满月的照片，才知道已结婚生子。

一个小女孩突然变成了母亲。

二〇一七年，一九九三年出生的姑娘年满二十四周岁，突然就进入了所谓的晚育年龄，虽然晚育假已不属于你。

产科医生说，女性最佳生育年龄是二十五岁到三十岁。

在生命的第二十多个年头，结婚生子突然被提上日程，并且快马加鞭。

刚刚大学毕业几年的你，还以为自己还是个小孩子的你，需要在有限的时间里考虑工作，考虑是否要结婚、生子。

单身的你，被催着找对象。有对象的你，被催着结婚。

然而，你真的有结婚生孩子的底气吗？

△

学姐是一个职业女性，三十二岁，成熟干练，手下几十号人，除了睡觉，全天在线。

眼看着就要成高龄产妇了，想生孩子却不敢生，怕生了孩子没人带，怕休产假后位置被取代，怕晚上睡不好白天精力不够……

她说曾经收到无数个工作八年十年后的女性简历，三十多岁，跳槽投简历时就跟应届生一样。

你以为你努力奋斗成中流砥柱，当了高管。现实却是，内地企业女性高管占比 25%，男性占绝对优势。金字塔的社会，越往上爬越难，女性，更难。

绝大部分职业女性最后可能只有两条出路，要么在一家单位养老，要么辞职，即所谓自由职业。

△

十年后的你，升职无望，跳槽不能，辞职不敢。日复一日重复枯燥乏味的工作。

家里，则是一地鸡毛。

想想，毛骨悚然。

你想过理想中干净整齐的生活，但能力和精力告诉你不行的时候，你已经从精心装扮自己的小女生被生活挫败成了叹息不止的中年"大妈"。

△

在健身房经常遇到一个大姐，点头之交。后来洗澡换衣服的时候，她在我背后感叹了一句，年轻真好，身材真好。

我回头看她。

肚子上松垮垮的赘肉和刀疤，像是被撕烂又缝合的蛇皮口袋。

她说，生孩子晚，恢复能力差，肚子就这样了。要上班，要带孩子，要做家务，每周能出来锻炼三天就是奢侈了。

说这话的时候她眼里只有疲惫和劳累，没有抱怨。末了，又补了一句：结婚生孩子，还是越早越好。

我笑笑，没有说话。

△

虽然到了晚育年纪，但女孩们就是不想结婚。

每天醒来能看到心上人的脸，是很美。但是，如果不请家政，谁洗衣服、谁擦灰、谁刷马桶？

不想去男朋友家里见各路亲戚，不想结婚时被当猴子一样围观。

不想因为教育方式天天跟老人磨不开，万一养出个熊孩子怎么办？

有些男人结婚后，经常会被女人吐槽——男人答应了做家务，无非也是拖着，拖着拖着的结果就是女人看不下去，把家务干了。

男人说喜欢小孩子无非是心情好了，逗孩子玩玩。至于，吃喝拉撒，还不是妈的事。

网上有这么一条微博，被转发了数万次，很多女人的恐婚情绪被赤裸裸地描绘出来：

想象一下，你伺候了一天客户，还没下班就开始盘算晚上做菜的食材搭配，把儿子接上车，途中在班级家长微信群里参与暑假补课讨论，回家打发儿子去洗澡，开洗衣机洗他一天的脏衣烂袜，进厨房做菜，油烟机太久没洗都滴油了，周末得叫人来洗，老公回来，臭袜子脱了再踩木地板！

儿子洗完澡就开始看动画，逼他去背半小时单词，饭菜上桌，两个男的连碗都不洗就在桌前等着，老公吃到一半说婆婆要来住一个月，吃完没人洗碗，老公去看球了，儿子在作业本底下藏着漫画，抽出来撕了，逼老公去洗澡，开第二轮洗衣机，先转几圈老公的臭衣服，脱光了在洗手池里搓自己的胸罩，钢圈都变形了，暂停洗衣机把自己的衣服扔进去，赶紧自己洗澡，不然电热水器里热水又没了。

　　吼老公过来一起晾衣服，他一边看球一边晾，晾得歪七扭八的，儿子班主任打电话来数落他数学成绩下滑，你湿着头发听了一小时。好不容易熬到晚上睡觉了，老公爬进被窝："脚臭死了！用硫黄皂搓干净了再睡觉！"

　　当生活的内容是满满的，是日复一日地重复的，而且是无从选择的，这样的生活更像是被逼出来的。原本设想的是美好生活仪式的结婚生子，而现实却是迅速加重生活负担，有苦难言，措手不及，进退维谷。

　　△

　　有段时间，流行一句话：女人都不愿结婚了，男人却还想娶个保姆。

　　我有钱，我能满足自己开销，能给自己洗衣服做饭，我谈恋爱，但我真的不敢结婚。

　　你催你女朋友结婚，扪心自问，你能努力成为优秀的丈夫和父亲吗？

你父母催你女朋友结婚生孩子，他们能努力成为优秀的爷爷奶奶吗？当老人跟儿媳意见不合时，你能从中协调处理好吗？

你都没准备好成为丈夫和父亲，你催得越紧，她越不想结婚。

人的精力是有限的，女孩不是超人，做不到家庭工作两手抓的时候不要逼她结婚。

更何况，她更怕，两个人生的孩子，一个人当保姆奶妈，一个人当甩手掌柜。

她想要的生活，她自己努力，你能陪她一起努力吗？

结婚对于大部分现代女性来说，义务往往大于权利，签的是不平等条约。

男人挣钱，女人也挣钱，做家务养孩子的过程往往需要女人付出更多，这是每个经济独立的女孩结婚前的死结。

只有你解开了，她才愿意结婚。

她跟你在一起，但不想结婚，是对你没信心，对未来没信心。

毕竟，结婚生孩子不是女孩人生的硬性指标，我为什么非要去完成？

# 你长得好看，
# 本身就是一种仪式

你必须内心丰富，才能摆脱这些生活表面的相似。
煲汤比写诗重要，自己的手艺比男人重要，头发、胸
和屁股比脸蛋更重要。

△

《倚天屠龙记》里殷素素说："越漂亮的女人越会骗人。"

有人将此奉为真理：好看的女生大都情史丰富、备胎无
数，等到拜金不成玩够了，老实人千万别当接盘侠。

《奇葩大会》有位选手说自己天天跟人解释自己不是潘金
莲："大家可能会觉得长得漂亮的女孩，感情之路会挺顺遂，
但其实可能恰恰相反。"

"漂亮的女人都不正经，喜欢卖弄风骚，恋爱可以，找老婆要避开这个坑"已然成为一种批判性观念。

"家有丑妻是个宝"，看着糟心，自己放心。

微博上有人调侃：因为你长得好看，所以没人想跟你认真谈恋爱。要不就是觉得你这样的人只能玩玩，要不就是觉得你这样的人对他也就是玩玩。

明明单身，因为一张脸就成了阅人无数的情场老手。

这种莫名的恶意不仅针对感情，流言蜚语到哪儿都躲不掉。

发自拍卖个萌，被人说"故作清纯，双眼皮一看就整过"；穿裙子涂口红，那是"花枝招展不知道勾引谁"；省吃俭用买个包，多半是"金主送的，出卖身体不知廉耻"；工作进步升职加薪，那肯定是和老板关系不正常……总之，只要你过得好，那就是一副非自食其力的模样。

所有的努力，都被打上了"靠脸上位"的标签。

心情不好，发微博抱怨压力大，有人评论"你一个可以靠脸吃饭的人，根本不需要努力"，看罢只觉得堵得慌。

辛苦拼来的东西，因为一张脸而变得微不足道。长得好看要真这么有用，那什么都不用干坐在家里数钱好了。

△

你学生时代的班花校花们，现在怎么样了？

我学生时代的班花，现在失踪了。

以现在的眼光看，她不算太美，但一张白皙没有青春痘的脸，笑起来眉眼弯弯酒窝浅浅。她经常在抽屉里掏出各种卡片玩偶零食，然后轻蔑地走向垃圾桶。

其他女生用余光装作不经意地瞥着她，把做作业的笔头咬得稀烂。

那时小女生评比的"颜值排行榜"一定没有她："她笑起来好假""我感觉她和隔壁班那个混混已经好上了""你们觉不觉得 × × 老师也对她有意思"……

有一天，班主任抱了一个纸盒来教室，里面是十几封告状信，说她早恋，骂她轻浮。那堂课被"一个巴掌拍不响""女生要自爱"等论调填满，下课铃还没响，她冲出教室，再也没回来。

据说那天她跑回家，被不理解的母亲打了一顿，干脆真跟隔壁班的混混在一起了，两人拿走了家里的钱，不知去向。

有时，人真的是很可怕的存在，动动嘴唇，就能将自己内心的阴暗吐到别人头上。

说到底，是因为嫉妒。

女生长得漂亮，本来是一件好事，欣赏漂亮的女生，是人性中的审美仪式。很多人无法认同漂亮的女生，那是因为自卑，因为自己丑，因为自己弱，配不上女生的美。于是，嫉妒取代了欣赏，诋毁取代了靠近。按理说，漂亮女生应该是更自信的人，应该为自己的美貌感到骄傲，怎么会陷入别人的嫉妒和诋毁而不能自拔呢？说到底，是因为女生并没有从内心肯定自己，误会了自己的美。

△

电影《西西里的美丽传说》中的女主玛莲娜，最大的过错便是漂亮。

女人妒忌她的高贵优雅，诽谤她是耐不住寂寞到处勾引男人的坏女人；男人垂涎她的美丽性感，臆想她是个可随便与自己上床的荡妇。

丈夫战死沙场，父亲去世，失去保护层的玛莲娜瞬间沦为居民的玩物。辱骂、殴打，尊严被撕得粉碎。

长得漂亮等同于吸引异性，嫉妒者迫不及待想要给美貌扣上不道德的帽子。

电影最后，玛莲娜回到小镇，原本横眉冷眼的妇人突然热情有加，还坦然向她问好，正疑惑时，一句"她胖了，都有鱼尾纹了"，道破了真相。

对别人人格的诋毁，只是为了补足自己内心的失落。

诚然，美貌作为稀缺资源，遭人非议的同时，也获得了优待。可若没有足够的资本驾驭，红颜便成了祸水，而且祸的还是自己。

△

的确，有人在利用美貌走捷径。

在"长得漂亮是女人最重要资本"的价值观下，有人实现了漂亮资本的最大化利用。

大概是听了太多"男人负责赚钱养家，女人负责貌美如花"的说法，便真以为仗着一张姣好的脸就一劳永逸。殊不知，所有占过的便宜，早已在暗中标好了价格。

"裸贷"事件中，有放贷者直言："专门挑漂亮女生作为放贷对象，还不起钱以性抵债。"

美貌被利用后变得如此廉价，甚至连尊严都无法保全。

汉武帝的妃子李夫人曾被称赞是"北方有佳人，倾国又倾城"，可她对待自己的美貌却相当理智，"夫以色侍人者，色衰而爱驰，爱驰则思绝"。

美貌最多只是敲门砖，家庭、能力、智商、品格等，这些才影响了你在哪一个层级发挥自己的长相优势。

有一技之长，总好过捧着一张脸到处兜售、待价而沽。当一个漂亮的女生靠兜售色相生活，这样的生活是肤浅的，这样的女生是可怜的。我们对一样的东西的认可，不管是别人的认可，还是自己的认可，都应该怀揣一颗珍惜的心。

△

王朔在《致女儿书》里讲："你必须内心丰富，才能摆脱这些生活表面的相似。煲汤比写诗重要，自己的手艺比男人重要，头发、胸和屁股比脸蛋更重要。"

活得漂亮，才是对轻视之人最好的反击。

与其失去仪式感，还不如孤独终老

## 落魄时遇到心爱的人，
## 是一场劫难

　　意气风发时，爱情是锦上添花；落魄困窘时，爱人
是心底负疚。

　　△

　　《喜剧之王》里，周星驰初见张柏芝时还只是小龙套，虽心底喜欢，却只能假装交易。不想爱人在夜场任人欺侮，却被一句"不上班你养我啊"哽得哑口无言。

　　在最没能力的时候，遇上最想照顾的人，爱里最悲哀的事莫过于此。连争取的底气都没有，就已经败下阵来。

　　落魄时遇到心爱的人，于人于己，都是劫难。

　　你爱我爱不起，我怪你怪不起。

△

切除子宫，对一个女人来说意味着什么？

我和她的异地恋，横跨了半个中国，一个东三省，一个
珠三角，每月寄出的零食，是快递小哥帮我传达的爱意。

她父亲事业破产，去国外住院。我拿出大半积蓄，怕她
因变故过得不好。

那半年是她最难过的时候，情绪的不稳给这段恋情造就
了许多不安。

因为一次小误会，她好几天没理我，长时间得不到有效
沟通的压抑爆发，我在最后的聊天框里输入一个"滚"字。

她说那像世界末日一样，觉得我很可怕。

随之是长久的冷漠，我去东北，她避而不见。

突然有一天朋友告诉我，她做了天大的手术。

我那时才知道，她的病已经那么严重了，为了顾好父亲，
她选择切除子宫。

那天早上六点多她打电话过来，不说一个字，只是哭。

朋友把她的聊天截图发给我："一个不健全的女人，还奢
求什么？"

我还会继续去找她的，等她情绪稳定能好好听我说话了，我接着告诉她："我会一直爱你的，我什么都不怕，只怕你不理我。"

△

最落魄的时候，是在部队当兵，每个月五百元工资。

她来北京看我，我揣着当兵几个月的钱，带她去吃"老莫"——电视剧《与青春有关的日子》里经常出现的餐厅，她好早之前就想去。

她回家，我想让她坐一回飞机，买了张午夜打折的机票，拼了辆车送她去机场。回来时舍不得车钱，就这样走啊走，走到第一班公交开始运行，然后坐车回部队。

△

我们曾是所有人眼里的佳偶，青梅竹马十三年，熟悉到彼此都分不清这情愫里到底爱情和亲情哪一个更多。

没等我买得起钻戒，她一夜间带走了所有东西。

再聚首，我们在街边吃大排档。

她说："这些年装惯了，连筷子都不太会用。"

我问："那个男人好吗？"

她说："我连他长啥样都快忘了，能记得的就是当时心里
认定那才是爱情，自己无论如何要拼一把。"

后来她又说："人一生每十年会遇到一次真爱，掐指算
算，一辈子也就那么三两次。最幸运是一开始就遇到，最倒
霉是十年后搞砸了，而我，两个都占齐了。"

好吧，真矫情，简单点，因为我们那时都太穷了。


△


七月，拿了驾照，但买不起车。

八月，和前任分手，因买不起房。

九月，顶撞老板，离职待业。

命运诡谲……

十月，刮彩票中了个二手房的首付钱，掐一把自己，嗯，
是真的。

十一月，租了辆奔驰压上京承高速，去望京看房，像是

暴发地产商去查看落成工地一样飒爽。车开在令无数"老司机"晕头转向的干道，一路上我穿过韩国城，想象着学韩语的前任一定喜欢；途经望京SOHO，想象着穿正装的自己进出上班；看到花家地实验小学，想象着孩子进出这里的校服衬衫……我知道总有一天我会走熟这一片，我也要在路人问路时拒不接受"左右标准"，只认"东西南北"。

十二月，没钱装修的我直接搬进了新房，正逢一个人的圣诞。屋里暖气还没装，真冷啊，我把沙发垫压在身上，睡意蒙眬间看到前任电话，轻轻掐断，那一刻，我觉得自己真帅。

△

那是我初恋，打游戏时认识的，我大一，他辍学两年。

人们习惯于数落失学小青年"不思进取"，但我当时觉得自己理解他谋生无路的迷茫：在宠爱里长大的独生子女有自己的骄傲，不到二十的年纪，拉不下脸面去基层搬砖，舍不下安逸在家里啃老。况且他许下的诺言，听起来那么情真意切。

可除了诺言，他什么也没有。

暑假打了两个月工，花一半工资给他充游戏币，剩下一千二百块，想去放松。

从成都到某古镇，两个人来回车费两百块，两晚住宿四百块，第一天杂七杂八加一顿饭下来，卡里还有四百零八块，而他钱包里，只有一张身份证和充游戏剩的八十块。

第三天付完午饭钱，我兜里只剩五块钱了，他终于掏出自己那八十块："我把钱给你吧。"我推开他的手，一个人坐公交去了回家的车站。

这是一段出门花钱得时刻精打细算的恋爱，而他，不打算向我描述未来。

有时看到短信里的游戏充值扣款提醒，我觉得自己就像这只手机，被他绑得死死的。

他的难我必须担，他的福我不能享。

△

那时爸爸经商，血本无归，讨债的人来，把门拍得震天响。

我妈瞒着家人，卖掉了一个肾。

后遗症来势汹汹，需要一大笔医疗费紧急治疗。

由于之前的欠债经历，曾称兄道弟的人推脱再三，话语间都是自己的捉襟见肘，甚至一些亲戚也不想帮忙。

钱是妈妈的救命符，也是爸爸的夺命咒。

"没办法，真的没办法，我救不了她。"他哭着说，"因为我没用，她才会死。"


△


北方的冬天，十九点。等公交时旁边有对刚下班的情侣，在商量去哪吃饭。

男生说吃海鲜，女生嫌贵。

"我刚发工资，辛苦了这么久，吃点好的吧。"

"这个月房租还没交，省点吧。"

"我还不是记得你喜欢……"男孩克制着妥协。

只是经济条件不允许，连口腹之欲也没法满足，但幸好，你衣兜里握紧我的手是暖的。


△


十九岁，遇到初恋。在最急躁的年代，我们做着最缓慢的事——当笔友。

来回通信直到大学毕业，第一次去她的城市，才知道她家挺有钱。家庭聚餐，她爸爸叫上合伙人的儿子一起，有意无意问起对方家里"几百万的项目怎么样了"，碍于自尊，我主动断了联络。

二十五岁，又一个女生令我心动。定下婚约后，她出国留学。

归国在即，一个电话挂断了这段感情，她说她没了耐心，来等我成功。

其实我那时也算不上穷，但那种自卑于"对方好过我"的落魄感，使我失去了两次爱情。

不然怎么说爱情是生活的调剂？没有面包，调料并不能管饱。

意气风发时，爱情是锦上添花；落魄困窘时，爱人是心底负疚。

在最没能力时遇见最想照顾的人，大概是最糟糕的爱情仪式了。

# 谁敢娶一个
# 多愁善感的你

> 女文青有一些共同特质：重视自己精神世界的
> 自由。爱上她们之后，你不要妄想她们心中从此只
> 有你一个。普通男青年，怎么配得上多愁善感的女
> 青年呢？

△

一个男生，娶一个多愁善感的女生，这个男生多半会不
堪重负。

很多男人不信这个魔咒，比如伦纳德·伍尔夫，他把多
愁善感女孩弗吉尼亚·斯蒂芬娶了回家，成就了妻子伍尔夫
一代文艺教母的盛名，他付出的代价是近三十年的无性婚姻
和头上长青草（妻子的出轨对象是个女的）。

有个海南小伙子，当年因为女朋友阿月眼神中总是带着"淡淡的忧郁"，让人看了心生疼惜，他决定要为她营造一个温暖的港湾。然而，每次两人出现意见分歧，阿月就会不声不响地离家出走。连续上演好几次之后，小伙子终于爱不起来了。

你还以为多愁善感只是"宝宝有小情绪"吗？林妹妹见花掉泪，见月伤心，这种程度连入门级都不够。

△

早在公元前二世纪，希腊医生、解剖学家加连（Galien）发现一些病人常常会陷入一种极端消沉的状态，他们感叹生命短暂、人世无常、人生孤独，就连窗前的树叶也会让他们泪水涟涟。这类病人往往先于其他病人死去。于是加连医生把这种多愁善感的现象写进他的著作中，并把它归类于精神疾病。

后来到了欧洲的文艺复兴时代，几乎所有的文学家和艺术家都以多愁善感的敏感神经为荣，自嘲为"忧郁的疯子"。不过，他们的自我折磨确实留给了后人无数的文明遗产。

到了今天，前有多愁善感的浪漫主义诗人铺垫，今有温情作家的推波助澜，好好的女青年们不染上点儿忧郁伤感都不好意思说自己有过青春。

然而，最怕单纯的你固执地以为自己是治愈她一生的良药，直到娶回家才发现，多愁善感这病，不仅没得治，还会恶化。

也许那时你鲜衣怒马正少年，多愁善感的女子带着柔光滤镜出现在你眼前。她们敏感、脆弱，富于幻想。"感时花溅泪，恨别鸟惊心"，今天结婚了哭一哭，明天离婚了也哭一哭，说起被前男友背叛的委屈就宛如泪人，让你立誓此生要她不再受任何委屈。

结婚之后，你开始发现她的多愁善感不能用来过日子了。这样的姑娘，全身都是易燃易爆的感情点，好好的日子让你过得像排雷，不知道哪句话哪个景就能让她的心里刮起十二级台风。更可怕的是，她们拒绝听解释和安慰，在内心上演过一部一百零八集韩剧后，明嘲暗讽的冷暴力直接导致你一级内伤。

△

开始的时候，她们冷静下来会楚楚可怜向你求原谅，求你谅解她的经期综合征。后来你发现，她不只有经期综合征，还有经前综合征和经后综合征。

她们的敏感，变成了你一不接电话就被认定为外面有别的女人。她们的脆弱，变成了你说话急了点儿就是"你敢吼我，你一定是不爱我"。她们的富于幻想，变成了跑到你前女友家狂吼："你敢抢男人，你咋不敢开门哪！"她们的言行，一点儿也不梦幻。

在阴天不开灯的房间，想到你有几任前女友，就开始歇斯底里。看着偌大的房间，寂寞的床，就开始因为那几任你伤害我、我伤害你的前男友，痛彻心扉难过到昏厥。

你深夜加班回到家，发现衣服等着你洗，垃圾等着你收，她在房间里哭成泪人一般，是因为听说萌萌今天没好好吃饭，可能得了不治之症了。

嗯，萌萌是你家隔壁养的那只迷你雪纳瑞。

这还只是普通女青年的多愁善感，到了文艺青年那里，就变成了多愁善感2.0。你的青铜白银段位已经不够捶打。

这类女文青有一些共同特质：就是重视自己精神世界的自由。爱上她们之后，你不要妄想她的心中从此只有你一个。她们能在爱着你的同时不忘回想旧爱给的伤痛，伤口愈合后不再给自己来一刀就会感到奇痒难耐。

她们也能在你爱她的同时因精神世界的束缚而感到忧郁，这种窒息感让她们可以生产出很多尔等凡人不懂的泪水和委屈。

△

作为一个普通的男青年，在娶多愁善感的女文青时，一定要谨慎谨慎再谨慎。首先要确定选择自己不是她匆忙的决定，因为她们会在婚后抱怨你配不上做她们的精神伴侣，然后以此为借口，要么出轨，要么你就成了她文艺作品中永恒讨人厌的男二号的原型。

其次，你要理解多愁善感是她们的自带属性，任何企图扼杀她们的多愁善感的想法，都是在抑制她们灵感的源泉。无论是空窗期还是热恋期，她们都把精神世界设定在安妮宝贝的早期小说中，她们喜欢多愁善感地在大冬天穿着白色裙子喝一杯凉水赤脚在地板上走路，后果就是因为这样导致痛经，更加多愁善感。

当然，不是说女文青就找不到好归宿了，而是说当你认识到自己有女文青多愁善感的气质之后，你就别祸害那些想过正常日子的普通男青年了。找个和你在同一个情感频率的男文青，以毒攻毒吧。普通的男青年，怎么配得上多愁善感的女青年呢？

伍尔夫在自杀前给丈夫留的遗书里写道：我知道我毁了你的一生，没有我，你就可以海阔天空。

这句话，也送给所有空了物理十三分大题没答，要娶像她一般多愁善感的男同学们吧。

# 你成功地引起了
# 我的注意

女性的温柔绝不是一味地顺从，男性也不用以迁就来成全女方的自尊，不管双方在社会上的身份地位如何，两性关系中必须守住相对平等。

△

很长一段时间里，"霸道总裁爱上我"的恋爱模式泛滥于文学作品，成为广大女同胞情感诉求的反映。

多少女生在少不更事的晚上，被文艺作品中男主角一句一厢情愿的"女人，你已经成功地引起了我的注意"感动得泪水涟涟。

这种模式泛滥于各种戏剧作品，看多了，你会很难分辨这到底是不是一部无教养公子和受虐狂少女的畸形恋。

△

弗洛伊德的"每一种痛苦都包含了快感的可能性"理论被台湾言情教主席绢传承，她说爱情是一场征服的游戏。

这也为霸道总裁的大行于世提供了一种合理解释：又帅又多金的男人有很多，为什么偏好霸道这一口呢？为什么有钱人喜欢傻女人呢？有人煞有介事地解释为这是"受虐心理"作祟。

受虐者，必然是弱的那一方。都说女人似水，但这比喻似乎侧重于水"软"的方面。

生活中没那么多情节能让你随便遇到个总裁，这模式的受欢迎其实说明了一种普遍流行且害人已久的女性恋爱价值观：她们在爱情中没有自我，大部分时间是在男人的需要中找存在感。

男人有钱、男人爱我、我能依靠他，所以我死心塌地，本质上来说，这跟饱受诟病的三从四德观没太大出入。

△

周国平说"一个女人才华再高，成就再大，倘若她不肯或不会做一个温柔的情人，体贴的妻子，慈爱的母亲，她给我的美感就要大打折扣"；韩寒说女性最重要的品质是不能给男人戴绿帽子，甚至不能有比较亲密的异性朋友。"如果她有心事，可以找同性朋友啊，再说，我一个字就能解决所有的问题，就是'办'。"

这些包装精美的男权思想和总裁文并无差别，都在宣扬女人为了男人活才有价值。

霸道总裁是对这概念的传承，甚至是女性的自我麻痹。霸道虽会引来不少关注，但凡有点思考能力的女性都会不舒服。

这种不舒服预示着霸道总裁被嫌弃时代的来临，取而代之的是温柔多情的暖男或儒雅谦和的绅士……这些人在财富和外貌方面一如既往地强势，但内在却添了些柔软成分。

霍启刚的走红是个典型。在此之前群众对豪门媳妇的印象还是生子机器、争产工具，可郭晶晶在《极速前进》中一亮相，居然是个被丈夫捧在手心的人生赢家，豪门少爷霍启刚倒成了跟着媳妇跑的"迷弟"。

女性鸡汤对此的解读是"我不只嫁给了你的钱，还嫁给了你的爱"，这份爱之所以截中了女观众的泪点，是因为她们看到一个尊重女性、不再把自己意志强加于人的"绅士总裁"。

△

某种程度来说，爱情确实是一种征服的游戏。但女性的温柔绝不是一味地顺从，男性也不用以迁就来成全女方的自尊，不管双方在社会上的身份地位如何，两性关系中必须守住相对平等。

郭晶晶没有成为怨气满满的小媳妇，是因为她本身足够强大，奥运冠军只是头衔，真正的强大该是其间包含的那颗独立自尊的本心。

曾经大火的言情剧《遇见王沥川》也是如此，那么多老套的爱情故事，唯独这部剧戳中了很多少女心，为什么？因为故事的内核变了。

以往总裁剧里女主再自强自信，遇到条件比自己好的白富美还是会莫名地自惭形秽，觉得自己在这比较中配不上帅气多金的男主角。内心不够强大，只能在男人的给予里索取养分。

《遇见王沥川》很明显是女性足够强大的代表，男的确实有钱，但没有优越感；女生虽然平凡，但很有自尊心，他们在精神上是平等的。

女主在剧中有句话："虽然我一无所有，但我给了你我所有的爱，在爱情方面我比你富有。"

《太阳的后裔》在中国的热播，带火了一个概念叫"势均力敌的爱情"。

灰姑娘遇到王子的故事只能说明乍见之欢的美好，之后的生活怎样，原作者只用了一句"从此过上幸福的生活"草草带过。而听童话的少女们长大后再翻出这个故事，该明白如果灰姑娘和王子婚后差势依旧明显，会受到许多阻力的里外夹击。

△

《简·爱》里有句话，翻译成中文大意是：爱情是一场博弈，必须保持永远与对方不分伯仲、势均力敌，才能长此以往地相依相息，因为过强的对手让人疲惫，太弱的对手令人厌倦。

如今女性追求"势均力敌"的爱，其实正说明她们渐渐从

"爱一个人可以为他卑微到尘埃里"的传统态度中站起来，两个人在同一高度互相欣赏，而不愿永远是被动卑微的那一方。

你可以看到，越来越多的女生学会了搭着梯子换灯泡、趴在地上修轮胎、踩上高跟鞋在办公室雷厉风行、踢掉鞋子还能化身无死角辣妈。伴侣确实是平淡日子里相互依赖的寄托，但她们也要学着自己做决定，更要拒绝软趴趴地被"霸道总裁"揉捏。

真正的爱情应该发生在两个彼此努力且相互独立的灵魂层次上。

曾经在女生宿舍楼下见过一对情侣，男朋友抱着一个大箱子非要帮女生搬上去，而女生接过来发现可以自己胜任便婉拒了，一场争吵开始了。

男生无奈地说"你干吗非要这样女强人，有免费劳动力为何不用"，可女生却觉得完全可以自己做的事不必矫情至此。

男人不至于在这点大家都能办到的事情上找成就感，女人更不要因为这种琐事就觉得找到依靠了。女强人没什么不好，这份"强"是尽量独立的强大，与虚张声势的强势不一样。

我不同意生活逼女人强大的说法，强大是一种自觉，是随时随地你都输得起，是输了之后学会抽身。

△

当初徐志摩看不起木讷的张幼仪，为了追求他所以为的势均力敌，爱上林徽因的才华横溢，爱上陆小曼的时髦妖娆。而大着肚子被抛弃的张幼仪就只是惨兮兮的弃妇吗？并不是，她甚至比徐志摩更坚韧。去美国留学，开银行办公司，独自带大孩子，人生从容翻盘，这就是强大。

类似的还有成全张学良赵四"旷世之恋"的于凤至，她一个人照顾三个子女，战胜病魔，转战投资，从寄居在张学良光环下的"东北第一夫人"转型为成功的事业家，这就是输得起。

日剧《我的危险妻子》里有个最让人难以接受的价值观是：打着女性强大的旗号，却依旧做一些围着男人转的事。面对丈夫的背叛，妻子选择不离婚的原因竟是为了保险金，难道就没有其他解决方法了吗？剧里她的智商是一定有的，但她选择和软弱丈夫、歹毒小三、贪心邻居这摊烂泥一起沉沦，是因为她学不会抽身。

绅士总裁是新时代下女性的美好愿景。而真实的生活是，你需要自己强大，才能和他势均力敌，如果你想要好的，就得先让自己努力成为一个更好的人。

这样，你就不会像总裁小说里的白莲花一样，面对一切不匹配因素诚惶诚恐，患得患失；这样，你就可以像《遇见王沥川》里的女主一样，从容地被爱，坚定地说出："至少在×× 方面，我比你富有。"

# "我养你"是
# 世上最毒的情话

房子是我的，车子是我的，你给我滚蛋。

△

与同事聊天，同事说："对一个女生来说，人生中最重要的是啥？"

"钱。"

"一个爱她的男人。"

"不，是钱。"

……

上面这一小段对话来源于微博，发布当天就有过万的转发评论，一众大 V 纷纷力挺博主，表示钱比男人重要得多。

某些文化似乎一直不大认可金钱的地位，名人雅士一定要"视金钱如粪土"，否则会被人骂"满身铜臭味"。女性地位也同样不被认可，"唯女子与小人难养也"。这两者结合在一起，满身铜臭味的女子恐怕就更不招人待见了。

> "女人赚这么多钱干吗，反正最后是要嫁人的。"
> "对女人来说，最好的工作就是做贤内助，赚钱的事交给男人就行了。"
> "你不要再出去抛头露面了，以后我养你啊！"

多么体贴入微善解人意，仿佛女人的生活就是只要每天闲在家里等着老公拿钱回来，然后出去买买买就可以了，简直轻松愉快到让人想落泪。

情至深处，"我养你啊"是最动人的情话，也是一份沉甸甸的承诺。

无数女生都爱听，但聪明人不会因此放弃自己。

如果一个女生将"我养你啊"当成男人对自己的承诺，或者是男人对待爱情和婚姻的态度，以后的日子，是要难过了。

△

曾经看到一篇新闻，一位女明星被拍到和当时的男友吵架。

男友全程冷漠脸，最后实在受不了了冲她大喊："房子是我的，车子是我的，你给我滚蛋！"她并不生气，勾住男方脖子贴向自己一遍遍问"你爱我吗？你还爱我吗？你不爱我吗？你是不爱我了吗？"

或许经济上依赖男友，便可被呼来唤去。即使这样，也不能讲半个"不"字，毕竟半点道理都占不到。

花别人的钱，便要做好随时被骂"滚蛋"的心理准备。

家庭主妇作为没有任何收入的纯依赖性群体，地位更是被严重低估。

"你不就每天在家烧烧饭，洗洗衣服吗？能有多累？哪有我一天到晚在外面挣钱辛苦……"这是很多丈夫常说的一句话。

在这类人的观念里，我是这个家庭唯一的收入来源，你吃我的花我的就该伺候我。只有上班的我最辛苦，每天闲在家里的你能碰到我简直好命。

当一个男人冲你说"我养你啊"，那就意味着你们爱情将要遭遇虚假的仪式，他在内心深处对你们未来的生活已经开出一个让你难以忍受的价码，那就是你要听他的。

△

都市生活剧《大丈夫》里的顾晓岩美丽善良、温柔贤惠、孝顺父母、关心儿子，简直是百分百的好女人。

好女人顾晓岩为了做好丈夫的贤内助，虽是硕士毕业的学霸，但也心甘情愿做起了家庭主妇，然而还是挡不住丈夫出轨。

出轨的理由相当欠抽："我要养家，我压力很大，这么大压力我要找个地方发泄……"

在他心里，能够赚钱的他是一个会有压力的人类，妻子不过是花他钱的"寄生虫"而已。"寄生虫"哪有什么立场指责"宿主"，"宿主"会犯错，是因为"寄生虫"做得不够好。

顾晓岩忍无可忍和丈夫离婚了，带着孩子生活的她开始自谋生路。但因为太久没工作过，纵然有硕士学历，三十多岁的她还是得从基层的房产中介做起，风吹日晒跑业务。

对丈夫的经济依赖，昔日让她感受到生活的轻松，现如今却成了她艰辛的缘由。

很多人觉得女生爱钱就是物质、爱慕虚荣，其实不是，有时对金钱的追求是为了在情感中获得更多安全感，以及追求和男性平等的地位。

我不需要你养我，我自己也可以赚很多很多的钱。

我只是希望成为和你一样的人，不是需要喂养的小猫小狗，更不是依附你的寄生虫。

范冰冰连续四年登顶福布斯中国名人榜，二〇一六年更是以超过一亿元人民币的年收入在"福布斯全球十大最高收入女星"中位列第五，正因为有如此收入，她才能骄傲地对全世界说："我不想嫁入豪门，我就是豪门！"

有人用这样的毒语录来误导女生：掌握一个男人的心也好，掌握一个男人的胃也好，都不如掌握一个男人的钱包好。真正爱你的人，愿意为你花很多很多钱，女孩就该活成被包养的模样。

女生灵机一动，用这句话来考验男朋友："你必须为我花钱，否则就是不爱我。"殊不知，这是相当危险的爱情互动。

不得不承认，有时钱真的意味着底气、尊严和地位。当你摇尾乞求，钱与安全感都不能自给自足，谁都可以用"这些东西都是我的，你给我滚蛋"来怼回去。

△

亦舒说："记得积蓄，那样有朝一日失去任何人的欢心，都可以不愁衣食地伤春悲秋，缅怀过去。"

所谓爱钱，并不是"宁愿坐在宝马里哭，也不愿在自行车上笑"，而是希望有一天，靠自己也能过上想要的生活，即便曾经的爱情仪式落幕了，至少还可以期待更好的生活。

对于一个女生来说，哪怕将来你爱上了一个囊中羞涩的少年，也能淡定地跟他说："没事儿，我有钱啊！"

# 傻女人，
# 请不要帮坏男人的错找借口

两个人在恋爱的时候需要互相包容，但姑娘，如果在爱情中只有你一个人在无限迁就，那么就请不要再为你在感情中的劣势地位找借口，你要明白相爱的两个人会互相付出，你不需要为他的错误进行脑补。

△

很多女人喜欢自作多情地将男朋友对自己的忽视、不关心进行脑补。她们觉得，不能秒回信息的男朋友一定是因为太忙了；我生病了只会让我喝水的男朋友一定是因为他情商太低；从来不和自己说太多话的他只是因为太内向……当然这类女人也觉得自己这样换位思考是知书达理、懂事聪明，毕竟太作的女人应该不会有好下场。

女人太作当然不好，但为爱不顾一切、付出不求回报的女人就是聪明的好女人吗？

江西南昌某高校一名女大学生上电视自曝，从大一开始被男子玩弄感情，堕胎三次。在她第二次怀孕之后，才发现男子已婚；然而两个人却未分手，男子以"会离婚"欺骗她，导致第她三次怀孕。

这个男主人公无疑是个骗子，但是，姑娘，第一次被骗是别人坏，两次、三次被同一个人骗，真的只能怪自己太傻。

现实可悲之处在哪呢？傻女人太多，坏男人根本不够用。

有个女性朋友，努力上进，刚大学毕业，有一个谈了两年的男朋友。

由于读的大学一般，她一直梦想着能进北京的一所知名高校读研，并且为了这个目标准备了三年，一直认真学习。每天六点起床，晚上十一点回宿舍，图书馆永远有她的身影，即使感冒发烧也不会耽误学习，她说要为自己想要的东西努力，这样的努力让她踏实、安心。

幸运的是，她的男朋友和她一样也要考研，而且目标一致。所以两个人结伴，再辛苦的旅途也会觉得多了几分乐趣。

在竞争激烈的初试中，她获得了复试的名额。正当我们所有人都为她欢呼、为她加油鼓劲的时候，她居然跟我们说要放弃，因为她的男朋友没有考上。

我真的很搞不懂，为什么她会放弃：考不上他可以再考，为什么你要放弃这么好的机会。她说，男朋友觉得这个目标对于自己来说太高了，即使再来也不一定能考上，所以他选择南方一所相对好考一点的学校。他告诉自己，没有她陪伴的日子会很难过。

她放弃了难得的机会，放弃了坚持三年的理想。身为闺蜜，即使愤懑，即使不平，但对于她的决定，只能支持，可是她昨天竟然跟我说，她决定再报北京的那所高校，原因是她男朋友想和她一起再冲刺一下。

我好想破口大骂，劝她分手，但我知道，姑娘傻到这种地步只能靠自己撞到南墙才能止步。我坚信当时他的男朋友并不是害怕分开，而是害怕一个人失败，他自私地利用了她的爱。

这样的男生值得爱吗？

也许很多人会说，她男朋友当时可能没意识到啊。

但不管如何，这个男人本质是自私的。人可以为爱情牺牲一些东西，但付出的前提是在爱情里，大家势均力敌。

很多姑娘没有看到，势均力敌是肉眼看不见的爱情仪式。

△

有太多人喜欢在爱情里委屈自己，自以为是伟大的，为了爱情不计较一切。但是，第一次付出，别人是很感动，如果长时间付出不求回报，真陷入了自我感动中，换来的只能是习以为常的伤害。毕竟，所有人都一样，认为廉价易得的东西不值得珍惜。

我不否认，有一些频频遭遇坏男人的女人确实是因为自己时运不济，爱情骗子太高明，但大部分遇到坏男人频受伤的女人真的是因为自己太傻。而这也刚好深刻地诠释了"坏男人都是傻女人造就的"这一真理。

在电影《夏有乔木雅望天堂》中，女主角舒雅望就是典型的极品傻女人。

故事中，她是个家庭幸福的阳光女孩，在她小的时候，他们家收养了孤儿夏木。长大后，夏木成为舒雅望亲弟弟一样的存在，当然她还有一个入伍参军的正牌男友。明明家世极好，手握好牌，自己却硬生生将其毁掉。

在她工作过程中，遇到了坏男人曲蔚然。她相信世道良好，敢把自己放置在极其不安全的环境里，成功地激怒坏人强奸了自己，并且怀孕，从此跌入痛苦深渊。男主夏木像个疯子一样枪击罪犯，最后进了监狱。

这个傻女人并没有获得观众的同情，评论全在骂女主没脑子。对，这个故事成功诠释了"坏男人都是傻女作出来的"。曲蔚然确实是坏人，但是舒雅望也是白痴女，明明应该对他避之不及，却还要主动靠近。

△

现实不是偶像剧，往往更残酷。你以为你吃够了亏上天会在某一天补偿你，但实际是吃一亏你需要长一智，不然你下次还是照样吃亏，而占了便宜的男人往往还会卖乖。

当然，两个人在恋爱的时候需要互相包容。但姑娘，如果在爱情中只有你一个人在无限迁就，那么就请不要再为你在感情中的劣势地位找借口，你要明白相爱的两个人会互相付出，你不需要为他的错误进行脑补。

坏男人不会注意到你的辛苦，他会习以为常，直至被你惯到坏出天际。而流了那么多眼泪的你，别人也不会觉得伟大，除了摇头叹息的同情，最后收到的顶多是一句：姑娘，你好傻。

# 你要找到
# 认真生活的理由

最好的爱，是他把你的追求当作自己的追求一样，
帮助你去共同实现。即使离开了他，你也能自己强大。

△

宋仲基和宋慧乔结婚了。在结婚消息宣布的前不久，两人在巴厘岛度假的消息热度都还没散。

还记得《太阳的后裔》里那句暖到炸裂的台词吗？

宋慧乔饰演的姜暮烟医生被绑架，柳时镇营救时对绑架者说："不要吓唬她，不要碰她，不要和她讲话，你的对手，是我。"

多少少女在听了这句台词之后，哭着喊着要嫁给柳时

镇啊。

早在此之前，他们一直否认恋爱关系。但网友们还是从两人的眼神中捕获了爱的讯息。

粉丝讲："我就说嘛。眼神是不会骗人的，你看剧里柳大尉看姜暮烟的眼神，绝对是爱着你的时候才散发出来的光芒！"

其实他们甜蜜约会东京的时候，已经被媒体拍到了照片。二人包裹得严严实实，从出租车下来有说有笑。再回顾之前公开场合两人的互动，也被粉丝揪出不少蛛丝马迹。

《太阳的后裔》大火之后，宋仲基在接受采访时回应与宋慧乔的绯闻："我倒是蛮享受的，说完还忍不住笑了。"

宋仲基举行中国成都见面会的时候，乔妹空降，现场两人又再次撒糖，亲昵动作羡煞旁人，大家呼喊："在一起，在一起……"

二〇一七年韩国举行的百想艺术大赏上，宋仲基跟宋慧乔合体走红地毯，宋慧乔的裙子更是婚纱风格，粉丝们高呼这是在进行婚礼演习。

当时，乔妹的手挽在宋仲基的胳膊处，好几次都要挣脱掉了，好在都被宋仲基拉了回来并放回原处，而对于观众们的献花，宋仲基更是一把拿过来递给乔妹，好一个霸道总裁范啊。

听到他们要结婚的消息，粉丝也留下了最真诚的祝福："做梦都要笑醒啦，明明是他们结婚，我自己却那么开心。"

其实，无论是戏里还是戏外，他们之间最打动粉丝的，除了甜蜜的互动，更是那种势均力敌的爱情。

在剧中，两人都是在职场上闪闪发光的人。

女主在手术室救死扶伤治病救人，男主在战场出生入死解救人质。

他们第一集就一见钟情还互相调情，第二集就甜蜜约会，当发现价值观不合之后，也毫不拖泥带水，立即分手。

在戏外，宋慧乔年少成名，是无数男生的梦中情人；宋仲基运动员出身，名校毕业，出道至今几乎零烂片，圈粉无数。

爱情是一场博弈，保持与对方不分伯仲、势均力敌，才能长此以往地相依相息，因为过强的对手让人疲惫，太弱的对手令人厌倦。

再看两人剧中的对白，柳时镇说："我是军人，这是一定要有人来做的工作。"宋慧乔扮演的医生姜暮烟不卑不亢地说："我是医生，我认为生命有尊严，没有任何价值或者理念可以凌驾于生命之上。"

这是一场成熟的恋爱，女主早已过了暖男来照顾自己的年纪，不会愚蠢地纠结"你到底爱不爱我""你为什么对我没有以前那么好了"。只在乎"我们今天的爱是否会有明天"，在职场遭遇不公平待遇时，她不是找男友哭诉，而是独立抗争却又能认清残酷现实。

这才是生活的常态，也是爱情中的女人应该有的样子。

△

某婚恋网站调查显示，72％的中国女性都希望牵手暖男。

但真正成熟理性的爱情应该是自己有足够的自信和温度，不用从男友身上取暖。

就如同席慕蓉所说："青涩的季节已离我远去，我已亭亭，不忧，亦不惧。"

一个暖男的爱，是懂你，疼你，帮你。

清晨的早安，温馨的早餐，午休的亲吻，睡前的拥抱。他就像巨大的棉花糖，用甜意层层包裹着你，从早到晚。遇上，都觉得是八辈子修来的福气。

暖男的爱，是建构一个只有你的话语体系。在这个世界，你是王。你习惯呼风唤雨，你作天作地。但是如果这个空间崩塌，你将很难走出来。

亦舒的小说《喜宝》讲述了一个爱上暖男的悲剧故事。小说里的姜喜宝，原是剑桥圣三一学院法学高材生，风华正茂，极尽嫣妍。

本是炙手可热的俏佳人，又有高贵文凭压身，却陷进了富商勖存姿的温柔陷阱。因为没有拥有过幸福童年，在国外看尽了他人脸色，她选择成为勖存姿的情妇。她确确实实得到了勖存姿的爱，也得到了很多钱。她在他撑起保护伞的世界里为所欲为，不用为一切发愁的她，放弃了最引以为傲的学业。

她知道她废了，没有实在的爱情，也没有了自己的生活。勖存姿去世后，她的人生只剩下一堆废钱。

"爱情能让你变得温柔可人，也最容易让你万劫不复。"

聪明如喜宝，也不曾挡住"暖男攻势"的富商诱惑。她轻易得到了一切，但失去了认真生活的理由。

△

广东一男子因怕女友太漂亮会被其他男人追走，蓄意将女友从五十公斤一路喂胖到九十公斤。他不是欣赏她胖胖的身材，而是想用喂胖她来套牢她。

同样的手段，还有以下这些情话：

> "你再胖我也喜欢你。"
> "你什么都不用做，我的都是你的。"
> ……

这样的情话听在耳边，就像酒心巧克力，甜得让人醉，却是在诱惑你滑向深渊。一味哄你的暖男，只会一点点割掉你生活的翅膀。

西蒙娜·德·波伏娃在《第二性》里写道："男人的极大幸运在于，他不论在成年还是在小时候，必须踏上一条极为艰苦的道路，不过这是一条最可靠的道路。女人的不幸则在于被几乎不可抗拒的诱惑包围着，她不被要求奋发向上，只被鼓励滑下去到达极乐。当她发觉自己被海市蜃楼愚弄时，已经为时太晚，她的力量在失败的冒险中已被耗尽。"

这个社会到处都是为女性设置的往下滑的坡道。

《外科风云》中靳东扮演的庄恕医生，是一个喜欢浇冷水的男朋友。

女主陆晨曦不通人情，嚣张跋扈。看在眼里的他，会毫不留情指出女朋友的错。

其中一个情节，医院患者因医疗关系不在本地，坚持转回县医院手术。陆晨曦认为县医院做这种难度的手术，只有死路一条。在科室主任批准转院申请后，她跑到办公室骂主任，跑到病房骂家属。接到了各种投诉。

男朋友庄恕没有像暖男一样，义愤填膺地说"你工作这么受气，别干了，我养你"，而是在她不理智的时候，用冷静的头脑帮她梳理思路，一起解决了医疗保险的问题。

他会包饺子讨女朋友开心，也会指着她的鼻子狠狠地批评。陆晨曦在他的陪伴下，成为了更有耐心，更善解人意的医生。

优秀的男朋友，该暖就暖，该冷就冷；不拖泥带水，不一味迁就。

真正的情感是"回味"在心头，而不是缠绕在身边。

△

爱情是让相爱的人携手的成长仪式，当爱情中只有一个人在成长时，爱情也必然会流于形式，且终将瓦解。

会照顾人的男人，没人会讨厌，但作为男朋友，就不仅需要暖，否则在他的包容下，你可能会错过公主病的最佳治疗期，放弃自我成长。

感情的本质是相互取暖，如果自己的温度足够，并不需要旁人去添加一份不必要的温度。所以，男朋友还需要一种冷，教你成长，让你成为更好的你。

他会批评你总说同事坏话，但也会教给你职场法则。他会指出你书读得不多，但也会陪你充实自己。在长膘的季节，他会一边嫌弃你，一边带你游泳跑步，而不是放任你继续胡吃海塞。他会提醒你，这个世界上除了家庭，你的朋友与事业也很重要。

最好的爱，是他把你的追求当作自己的追求那样，帮助你去一起实现。即使离开了他，你也能自己强大。

而你现在之所以这么努力，都是为了在见到喜欢的人的时候，不用因为自卑而躲开，而是能以毋庸置疑的姿态站在他身旁，说一句"你很好，我也不差"。

# 爱若失去仪式感，
# 还不如孤独终老

哪里会有人喜欢孤独，不过是不喜欢失望。在爱里
找不到仪式感的人，才会在孤独里寻找。

△

当"90后"成为晚婚一族，"80后"的未婚者早就被父
母的喋喋不休、周围人异样的眼光抬上了通向婚姻的"绞刑
架"，要么结婚，要么死，活生生被逼成了许多单身年轻人的
必选题。

周围的同龄人一个个谈婚论嫁、结婚生子；父母亲朋一
遍又一遍念叨"别太挑，差不多得了"；就连电视广告也用
道德绑架的方式不断呻吟"该结婚了吧"。

你发现，结婚这件事，除了和自己没多大关系，任何人都能插上一脚。

结婚这件事很简单，花九块钱就能领个红本。但是，如果仅仅是为了钱、房子、户口、合法性生活而结婚，这样的婚姻除了法律约束，没有任何意义。

你不愿结婚仅仅是因为还没有找到对的人。与其找个人拉低现在的生活质量，还不如一个人过得潇洒。

有人会有疑虑，婚礼那么麻烦，那么程式化，费神耗力的，为什么几乎所有走向婚姻殿堂的人都很看重呢？因为两个相爱的人需要一条线，划分过去和将来，把爱一个人的心意放到桌面上来，不仅让自己所爱的人知道，更让所有人知道。两人携手而行，从此不再孤独。婚礼，是告别孤独的仪式。

△

爱情可以靠婚后培养出来吗？

信了你就傻了。

一个表姐，恋爱一直磕磕绊绊，三十岁还没有结婚。她妈总抱怨她太挑剔，并常常拿自己的婚姻现身说法："你看我和你爸，父母之命，媒妁之言，从介绍到结婚就几个月，现在过得不是挺好？"

这话听了十几年，听得表姐耳朵都长茧子了。最后耐不住她妈夺命连环催，表姐找了一个家庭合适、工作合适、性格也算不错的人领了证。两个人从认识到领证只用了三个月的时间，用她妈的话来讲："爱情是可以培养的，即便没了爱情，还会有亲情。"

不过，表姐的婚姻并没有她妈妈描绘的这般景象，没有爱情和共同语言，表姐和她老公总是因为一点小事就争吵不休，哪怕是挤牙膏是从上挤还是从下挤都会引起一番不愉快。最终两人又花了九块钱，把红本换成了绿本。

表姐说，如果再给她一次机会，她宁可一直单着，也不要随随便便找个看似"合适"的人过一辈子，那种感觉就是，喝口凉水都会塞牙。

我们父辈祖辈是有很多人因为时代条件所限，在婚后的相互磨合中"相识恋爱"，有的虽然互相看不惯仍在忍耐中度过一生。但时代已然不同，如果现在你还把两人的幸福寄托于婚后的磨合，那么我正式通知你，这场婚姻十有八九会以失败告终。

婚姻的担子太重，担不起就不要担。

婚姻意味着责任的开始，一结婚，婚礼、房贷、车贷、怀孕、生子、教育、赡养等一连串的事情就会接踵而来。遇到对的人，相互分担是一种甜蜜，可以称作同甘共苦；如果遇到错的人，这些责任都会变成对双方的一种折磨。

自己都还没活清楚，就拖累另一个人，把人家带到柴米油盐、家庭、孩子的琐碎之中，这样对双方，都是极不负责的表现。

婚姻是爱情的仪式，如果一对男女没有爱情，直接步入婚姻，这样的爱情没有彼此相识，这样的婚礼并不能宣誓爱情。这样的爱情是不牢靠的，这样的婚姻会麻烦不断。

△

二十五岁的艳艳已经离婚两年了，身边还带着一个三岁的女儿。年轻的她曾因年少无知一头扎进爱的海洋无法自拔，法定年龄刚到就立马和初恋领证结婚，完全没想过结婚意味着什么。

一直被宠为小公主的艳艳首先面临的就是要处理各种家

庭琐事，笨手笨脚的她什么都做不好，虽然婆婆总是说没什么，但不满的态度早就溢出了脸，与结婚之前的笑脸盈盈判若两人。

更大的矛盾在艳艳生女儿后开始激发，艳艳的女儿有先天畸形，虽然花了大把的钱医治，还是留下了不小的后遗症。丈夫、婆婆本来就对艳艳没生儿子这件事耿耿于怀，再加上大笔钱的投入，让他们颇为不满，人前背地对艳艳总是恶语相向，对女儿也是不管不问。

最终，艳艳带着自己的女儿结束了这段婚姻。她说："与其在这样的婚姻里过一辈子，不如自己和女儿相依一生。"

婚姻对大多数人而言是增加生活的乐趣和幸福感，而不是把自己埋葬进坟墓。

如果找到一个对象后幸福感不升反降，还不如一个人过得潇洒快活。

女孩子都向往一场浪漫的婚礼，在爱情的仪式中感受爱与被爱的力量，彼此说着爱的誓言，创造独一无二的人生回忆。从爱情到婚姻，爱是会遭遇稀释和分解的，例如其中加入了婆婆和孩子。

△

二十八岁的女白领王晓，在爱情的世界里寻寻觅觅，一直想要找一个命中注定的他。我曾问她："如果一辈子都找不到所谓的'命中注定'该如何？"她说："如果那个人不值得自己心甘情愿用下半辈子为他变得低眉顺眼、做饭洗衣、相夫教子，两个人就算结合了也是平添痛苦和烦恼。"

三十三岁的婧婧是一个自由记者，过着还算优哉的生活，也有着相对不菲的收入。烹饪美食、健身跑步、旅游骑行是她的生活方式。曾经有一段时间，在父母亲友的催促下，她也焦虑过结婚的问题，但后来再见面聊天的时候，她表示自己对这些已经看开。

有一份能养活自己的工作，有让自己充实的兴趣爱好，还有一群志趣相投、两肋插刀的朋友，婧婧对自己现在的单身生活很是满意。她认为："现在我遇见自己喜欢的东西就可以买，看到自己想做的事情就可以做，如果和我在一起的那个人不能拉升我的生活质量和幸福感，还要他干什么？"

当你从两个人的婚姻走出来，活成一个人的孤独，是不是就意味着远离仪式了？没有。当一个人与他人无法"相识"

时，完全可以转向与自己"相识"，甚至转向与别的万事万物
"相识"。孤独，让一个人可以更从容地从自己出发，让自己
与这个世界的相识不再充满干扰，回到自己内心，在内心中
实现与自己更相识。

△

林夕有段关于结婚的话说得很好："很多人结婚只是为了
找个跟自己一起看电影的人，而不是能够分享看电影心得的
人。如果只是为了找个伴，我不愿意结婚，我自己一个人都
能够去看电影。"

一个人优雅地生活，赛过两个人不开心地吵闹。

## 所谓恩爱，
## 就是互相不嫌弃

喜欢是乍见之欢，爱是久处不厌。莫欺少年穷，莫嫌老来丑。每个人都这样幻想、承诺过，但一面对现实，所谓的爱情总被"嫌弃"打败了。总有人嘴上不说，心里却在问："女朋友太胖，男朋友太穷，是不是该分手？"

△

有记者拍到葛优老婆贺聪外出吃饭时的扮相，白短袖花裤衩，像是穿了件睡衣，打电话时随手撩衣服提裤衩，抬腿驱蚊子，俨然一副大妈状。

照片一出，网友直呼大跌眼镜，还有人直接质疑葛优，老婆这么邋遢为啥还不离婚？

贺聪在葛优心里其实是一块宝，不拍戏的时候，他在家里陪她，抢着洗衣、做饭、拖地，过普通生活。

他说："后来没有碰见比她好的？肯定有。但我们是在没名的时候就同甘共苦的，干不出再婚换人那种事。"

同甘共苦，特别是长期同甘共苦中产生的爱情，往往比较牢靠，即便有一方在日后发达了，因为在内心已经储存了比较深刻和稳定的爱情感受，彻底抛弃掉的代价非常大，会有严重的背叛感。这样的爱情相当于已经向时间宣誓，是无声的仪式，极为隆重。当然，这样的爱情也是极为难得的。

喜欢是乍见之欢，爱是久处不厌。莫欺少年穷，莫嫌老来丑。每个人都这样幻想、承诺过，但一面对现实，所谓的爱情总被"嫌弃"打败了。总有人嘴上不说，心里却在问："女朋友太胖，男朋友太穷，是不是该分手？"

讲真，一旦心里有了嫌弃，别委屈了自己，更别耽误对方。

梁咏琪在歌中唱："嫌弃眼光，尤胜耳光。"

嫌弃这种情绪如此明显，从你的语气、神态中都能表现出来，藏不住的。

没有人喜欢被否定、被贬低，更不喜欢被枕边人挑着刺过一生。

△

金庸与朱玫也曾"朱漆九曲桥畔，相依相偎"，朱玫还变卖首饰支撑金庸《明报》的发展。但这段顶着重重阻力、奋不顾身的爱情并没有迎来相濡以沫的结局。

他在酒吧认识了更年轻貌美的女侍应，曾患难与共的朱玫被弃之如敝屣。

世上的爱情，大都是从如胶似漆的甜蜜开始的。

你看我如花似玉，我见你博学多才，觉得对方哪哪儿都合适。

最怕时间久了，日子就过成了左手摸右手的麻木。没了激情，觉得对方缺点越来越多，嫌弃得连吵闹都觉得多余。

所谓的两情相悦，更多时候是多巴胺的功劳。

对大多数人来讲，当这些化学信息素的麻痹作用消失后，最初的浪漫并不足以支撑后续的交往。

电影《恋战冲绳》中梁家辉的独白让人印象深刻：

你还记得吗，海底隧道刚通车的时候，我们是多么兴奋。而现在呢？其实我和我女朋友的关系，就像一个教友和一间教堂那样。开始时，我会很虔诚，天天都想上教堂；但是慢慢地，除了重大节日，我都不会再去了。最糟的，是我发觉，我开始不信了。

性学专家潘绥铭在十多年的调查中发现，夫妻爱情在持续减少。过去那种"两只小白兔相拥互暖"的夫妻恩爱，越来越多地走向"两只刺猬被塞进一个洞"的窝里斗。

激情如同烟火般易逝，生活磨碎了所有光鲜亮丽后，剩下的就是柴米油盐。

往往有人沉迷于爱情的亢奋，接受不了爱情的日常。

△

对谢杏芳一见钟情的林丹许诺，"要用成绩保护这份爱情"；愿做马伊琍背后男人的文章巧言过，"觉得最牛的事就是我的老婆叫马伊琍"；和许婧恋爱长跑十多年的陈赫也曾信誓旦旦，"一秒钟看不到她就百爪挠心"……到头来，承诺都喂了狗。

在长久的平淡与久违的激情中，他们选择新的刺激。

他们用实际行动讲了一个道理——没有今生挚爱，只有今天挚爱。

当真如亦舒所说，"婚姻根本就是那么一回事，再轰动的恋爱，三五年之后，也就烟消云散"。

所以别轻易说你有多爱他（她），一见钟情是激情，日久生情才是爱情。

梁家辉和江嘉年的爱情也是娱乐圈里的一段佳话。

两人在一起时是梁家辉最穷苦的时候，沦落到摆地摊为生，江嘉年没有嫌弃他穷，一直支持他鼓励他。

他越来越有名气，江嘉年身材相貌走了样，一些媒体直接称其为"丑妻"，与娱乐圈众多成名后抛弃糟糠之妻的男演员不同，梁家辉从没嫌弃江嘉年不够漂亮不够优雅，完全不避讳，公开秀恩爱。

他说："女人的容貌在操持家务的烟火味中变老了，但她仍是我的爱人。"

陪伴才是最长情的告白。

所谓婚姻的磨合期，当真不是婚后第一年，而是婚后的一辈子。

一对恋人，头一两年拍拖，那是恋情；之后的十年八年，是感情；如果三十年后你仍然会拉着她的手上街，那才是真正的爱情。

《蜗居》里有个形象的比喻，"婚姻就是将美丽的爱情扒开，秀秀里面的疤痕和妊娠纹。"

提前想想你的爱是否强大到可以包容他的这些小毛病，别到时候再说嫌弃，埋怨爱情变了味。

"我们总是会渐渐地忘掉自己的承诺，更在乎新的感觉，新的喜欢一个人的感觉，可是这种感觉是没底的。爱是经营、是坚守、是持久忍耐。能守住自己最初的那份爱，并且一直守下去、爱护他、不离不弃，那才是最难得的，也是最应该做的。"

《男人帮》中因生活毫无激情而离婚的珊莉，在历经千帆之后这样感慨。

所谓恩爱，就是互不嫌弃。要知道，湖水越深，才会越平静，感情也是如此。

# 如何再找一个
# 更值得的人

面对"丧偶式"育儿，有人可能觉得，孩子妈妈太弱了吧，都不会改造老公吗？还不是当初你眼瞎！如果他如此茶经，那就离婚啊！

△

有人说，一个时代塑造一代人。人又像是被时代推着走的动物，时代往哪边指挥，我们就往哪走。时代要计生，我成了最孤独的一代人，时代说要二孩，于是我又成了迷茫的人。

自从二胎政策开放，总有亲戚在我姐耳边唠叨"再生个老二啊，两个孩子好啊……"姐夫也附和"对，是该再生一个"。

可她总会果断拒绝。

想想孩子从一枚受精卵长成可爱幼童的这段艰辛路，她已经不想再生了。

不是怕身体疼，是他，让人感到心疼。

有时候会思考，无数个平凡家庭里，那些悲怨更多时候不是来自让一方恐惧的出轨，而是日常生活里的鸡零狗碎。

△

周末日程表：

早上叫孩子起床，辅助他穿衣、洗脸，然后做饭、洗碗。

老公在一边坐着看手机，饭好了吃饭。

接着带儿子出去玩，中午回来，继续做饭、喂饭、洗碗。

老公在一边坐着看手机，饭好了吃饭。

我觉得我养了个娃，还供了个菩萨。

△

在小县城生了个儿子，一般人眼中那一定会"身价"大涨。然而真实情况是，婆家眼里是"只有孙子没有媳妇"的。

整个家的中心就是这个儿子，他的一点病痛可以让我一整夜不合眼，有时忙到深夜突然想起已经两天没洗脸，第二天照样准时给一家人做饭，伺候老公上班。

儿子一岁那年，老公出轨了。

理由是自从有了儿子，我把他给忽略了。争吵间还顺便羞辱：看看你现在发胖的身材，跟个鬼一样。

这份抱怨里的自私，比他的出轨更令人寒心。他把妻子娶回家，立下保姆公约，最后怪家里的保姆没践行做妻子的条例。

△

前男友和我年岁相当，离异，带着一个女儿。

爸妈很喜欢她，一点不介意这个外人口中的"小尾巴"。

但最后我妈逼我分手。

听说他和前妻的离婚原因是，他从来不顾孩子，女儿从出生起，一直是妻子一个人在照顾。

回想起来，她女儿之所以和我们相处融洽，也是因为他一直把她扔在我们家。

△

孩子出生后，老公就搬去了另一间房住，美其名曰要保证睡眠专心工作，才能给我们娘俩一个安稳的家。

这几天孩子高烧呕吐，半夜哭闹着不肯睡觉，我只能不睡了，抱着她晃。第二天上班，整个人走路都是飘着的。

有天夜里，我跟老公商量："要不你换我一晚吧？"

老公说："不行，我还要上班呢！"

那一晚，我抱着娃在阳台上站了很久。

△

和一男同事聊天，他说每晚七点就要回家跟老婆报到，帮忙带孩子。我顿时眼前一亮，这是绝种好男人啊！

后来，他慢悠悠道出原因：老婆产后抑郁了。

抑郁症是怎么得的？

孩子刚出生那会儿，他每天回家啥事不管只打游戏。

△

同事家一直没买房，据说婚前她想买，家里也愿意帮着凑首付。男方却说，不用，公司会分，先租房子住。

第一胎是男孩，刚生几个月，同事再度怀孕，男方以为哺乳期不用避孕。

后来，二宝出生，也是男孩，夫妻两人带着两个宝宝，跟婆婆一起挤在出租屋，男方继续等待分房。

△

为了让我好好上班，我妈来帮忙带小孩。

有段时间小孩身体不舒服，整晚整晚地哭闹，几天下来，我妈有点支撑不住了，一天早晨从床上摔了下来。我跟老公商量，想让婆婆来帮忙几天。

老公第一反应不是担心妈摔着了没有？而是在问："我妈来了能不能睡好觉？"

一瞬间，我的心就凉了。

△

闺蜜三十四岁，怀了第一个宝宝，第二十四周，医生说动了胎气要静养。我们当时觉得奇怪，按理说这时候小孩应该很结实了，就坏笑着问："你们是不是做了什么不可描述的事？"

她说："没有，准爸爸不干家务，我就带头收拾了一下屋子，想给他做个榜样。"

△

调侃一个人的出身，我们总习惯用"拼爹"，为什么拼的不是妈？因为妈早就累得没有力气了。

我妈曾是个胸怀大志的女人，家境一般的她，从基层小教师一路被提拔到市教育局只用了四年，与任职通知书一起下来的，是怀孕报告。

那个年代的女人，基本是属于家庭的。诸多反抗挣扎无果，我妈妥协了。

一份可有可无的闲职，一对咿呀学语的儿女，一个不理家事的老公，成为她生活的全部。

我爸在单位习惯了前呼后拥，回家从来都是甩手掌柜。小时候，对"爸爸"这个词语的印象，是一个进门不耐烦扯着领带的男人，大呼小叫"把拖鞋拿来一下""我不吃面条，我要吃饺子""今晚把这身西装熨一下"……

以前看来是理所应当，现在感觉不敢回想。

△

我爸去参加高中同学会，当年的班花带着一双儿女一起来了，席间因为孩子哭闹早早退场，一群人也没好好叙旧。我爸回来很感慨，他说从来没想到那个清丽脱俗的女生，有天也会沦落成一个围着孩子转的大妈。

后来他对我说："如果结婚生子后，你过得还不如少女时代，那就不要结不要生，爸爸不逼你。"

　　面对"丧偶式"育儿，有人可能觉得，孩子妈妈太弱了吧，都不会改造老公吗？还不是当初你眼瞎！如果他如此差劲，那就离婚啊！女人不是总被教育：这样的男人不离婚留着过年吗？

　　不是没想过离婚，只是随之有很多不得已。

　　比如一个女人独自带孩子，经济上没那么容易；比如把孩子带来人世，有责任该给他一个完整的家……

　　后来我姐告诉我，这些理由都只是借口。不离婚，是因为如果真离了，不知道下一个人是不是更值得的人。

# 你竟然爱上了一个
# 情绪不稳定的人

对亲近的人挑剔是本能，但克服本能，是教养。

△

跪了一夜搓衣板的朋友，终于想分手了。

只因在饭局间和女友的女同事礼貌性搭了句话，疑心过重的女友，一回家就差点把朋友踹跪在地上。后来他跪在搓衣板上，膝盖生疼，还被女朋友的大耳刮子扇得满脸通红。

他整日爱得小心翼翼，平时通讯录不敢有任何女性朋友，生怕一不小心点爆女友的雷区。

他不理解，女友对外人温和有礼貌，为什么到了自己这里，却像完全变了一个人，如此狂躁易怒。

"还是分开吧"，面对女友的暴躁，他已无计可施，但也不敢轻易主动提出。

无论是恋爱中，还是婚姻中的人，都会有这样的烦恼：伴侣有时颐指气使，一不小心就被点着了。

对外，他们知书达理有教养，在亲近的人面前，却随意而放肆，从不考虑给至爱造成怎样的伤害。

他们把优雅全留给了陌生人，转身却对伴侣喜怒无常。

△

韩国电影《我的野蛮女友》曾引发观影狂潮。全智贤版的野蛮女友，外表清丽秀气，却总是对男友发飙。她想知道河有多深，便把男友推到河里，直到快淹死了才救男友上来；赢了一个小游戏，就在地铁上毫不吝啬地对男友大扇耳光。

女生们一度效仿，但她们只看到野蛮的形式，却忽略女主柔情蜜意的本质。

认为伴侣的爱，永远是自己失控的底气，被偏爱的，都有恃无恐。

可是没有谁会一味迁就，当矛盾累积到一定程度，大概最后只能麻木大哭。

之前有听说过这么一件事，一名女子因为男友没有给自己买妇女节礼物，气冲冲地数落他，忍了很久的男友那天心情也不好，狠狠回骂。两人越吵越凶，男方吼着"我死了，你就开心了"，最后把水果刀刺进了自己的腹部。

一份法学报告中曾指出：在暴力杀人的女性重刑犯中，因家庭暴力杀夫的高达 60%。很多人认为，所谓的家庭暴力，一定是对伴侣进行肉体摧残，但忽略了情绪上的冷暴力对人精神的折磨。

△

有时伤人的不一定是身体的痛苦，而是心理的无助。

在心理学家刘喆长达十六个月的调查里，有过或正处于冷暴力的家庭占到 70% 以上。

放任地宣泄自己的情绪，不仅会伤害伴侣感情，更是会影响儿童的心理健康。长期的冷暴力，会让儿童对周围环境很敏感，逐渐不自信或刻意迎合别人。更有甚者，会学习家长的冷暴力方式，成长为充满愤怒和戾气的人。

最亲密的人之间，却会带来最残酷的伤痛。

在亲密关系中发动攻击的人，有时对自己的行为也很费解。

"我并不是真的讨厌他（她），想对他（她）发火；我真的不是有意去伤害他（她）。但是我还是这么做了。"

暴躁的人之所以会无端发脾气，是低度自我认同感的体现。

心理学家总结出公式：满意度 = 行为 － 期望。

他们对亲人期望太高，恨不得让其成为自己肚子里的蛔虫，对外人却足够宽容。他们经常会想："别人不理解我就算了，为什么你也不理解我？"

这类人有极强的控制欲，但是他们对外部世界无能为力，只能把全部的愤怒积郁在心里，转而发泄到亲人身上。

宁愿被情绪控制，也不愿主动控制情绪。

形形色色的人中，总有人会相对感性，容易被情绪操纵。

然而无论什么理由，也不能成为自己任性的借口。总是随意倾泻负能量，让深爱自己的人如履薄冰，不但不会让自己愉悦，更会两败俱伤，玉石俱焚。

△

《菜根谭》里说："家庭有个真佛，日用有种真道，人能诚心和气，愉色婉言，使父母兄弟间形骸两释，意气交流，胜于调息观心万倍矣。"

家庭生活大多需要遵循一些原则，即使亲如父母兄弟，也要尊重对方的独立人格，就算有不同的意见，也要商量着来。

周国平说："对亲近的人挑剔是本能，但克服本能，是种教养。"

我需要的仪式感，
是想和你叙叙旧

## 我想和你
## 说好多好多废话

据说，这世上有三样东西是掩盖不住的：咳嗽、贫穷和爱。想要隐藏，却会欲盖弥彰。

△

"不是突然好想你，而是常常念着你。"

刷微博的时候，看到有人贴出了一张聊天记录，数落自己那"烦人"的男友，出差在外地也不消停：

"嘿，刚刚在街上看到你了！"

"你看错了吧，我没去你那儿啊。"

"切，我有证据，我拍照了，不信你看！"

然后，一张小猪仔的照片出现在屏幕上。

我忍不住笑出了声。

△

大概喜欢一个人就是这样吧，不用你大费周章地找他，他总会先想到你。告诉你他在忙什么，与你分享一些有趣的事，时不时地在你的世界，刷一刷存在感，有时他甚至会抱怨景色为什么要那么好看，因为无法与你共赏。

这感觉就好像，晓看天色暮看云，行也思君，坐也思君。爱就是在一起，说好多好多废话。

有人说，好的感情中两个人像是最好的朋友一样，可以晚上蒙着被子在被窝里聊天，一直聊到很久很久。

这话倒让我想起间隔两地的鲁迅和许广平，来回不断的书信。他给她写：

> 我寄你的信，总喜欢送到邮局，不喜欢放在街边绿色铁筒内，我总疑心那里是要慢一点的，心里又想，天天寄同一名字的信，邮局的人会不会古怪？

她给他回的信同样一天一封，有些话看上去相当无聊，比如去哪个百货公司买了六条小手巾，花了一元钱，还买了皮鞋、信纸、各种应用什物。

但在鲁迅眼里，连这些废话，怕是都觉得有趣。

爱你的人，生怕给你的不够；不爱你的人，就怕你要求太多。

△

这个世界上，重要的事情真的好多好多，有时能跟在意的人讲句废话的时间都很少。

想他的时候，想和他说说话；每次找他聊天，都要酝酿好久，怕打扰到他；发短信没回，想着要打电话给他；在通讯录里找到名字刚要拨，却又阻止自己，怕他觉得烦。

好多次，"想你了"这句话到了嘴边，又咽了下去，再用"在吗""忙不忙"这种，看似无关紧要的话表达出来，如果人有尾巴，大概想起他尾巴就要不停地摇吧。

眼角眉梢是他，四面八方是他，上天入地是他，成也是他，败也是他。在他身边唯唯诺诺，生怕说错了什么，会惹他不开心。从来不在意的突然在意了；从来不怕的突然就害怕了；从来不能忍的，突然都能忍了。

每天看着微信，想着"他会先找我吗"，一直等到深夜。

终于，他回复了几句话，就像荒景里碰上了丰年，日日夜夜地捞着那几句话颠来倒去地想着。他的一个标点，都能解读千百遍，但你每天夜不能寐的时候，又知不知道，你爱的那个人已经开始打呼噜了。

他的梦里没有你，醒了也可能不会爱你。你啊你，一个人狂欢，一个人失落。好在，每天的生活好像也多了点盼头。

"嘿，给你讲个故事，故事太长，我长话短说，我想你了。"

△

八十八岁的吴自谦，与妻子李河清青梅竹马，婚后两人一起生活了六十二年。李河清受伤住到了医院，年迈的吴自谦心中挂念她，却因身体原因无法全程陪她。于是他每天都要写一封信，让儿女转交。

"冬天没有什么了不起，成都根本不下雪。"

"开心不到十分，因为你不在身边。"

"昨日我强烈要求儿子带我来看你的，见到你疲
倦入睡，我只好离开，见到你气色还好，我放心了。"

字迹有些颤颤巍巍，纸张也有点泛黄，却像极了一封封
情书。

精神头儿好时，李河清会坐起来，捏着信，一读就是半
天。看完后再按着信原来的折痕，小心翼翼地折回去，放在
枕头下。据说，这世上有三样东西是掩盖不住的：咳嗽、贫
穷和爱。想要隐藏，却会欲盖弥彰。

△

一千多年前的吴越王，因老婆回娘家，太过想念，忍不
住写信给她说："陌上花开，可缓缓归矣"。小路上的花开了，
你可以一边赏花，一边慢慢回来了呀。言外之意，你怎么还
不回家呢？

据说吴越王目不识书，但你看，动了心，武人也能变
诗人。

曾经被一句歌词打动，说"都是因为那灯泡，突然闪了一下，于是想起你。"

后来发现，想念一个人，不是因为灯泡的闪烁，是因为一直一直都在想你啊。

被风吹到眼睛，想你；看到闪烁的路灯，想你；下起雨，想你；你就在我身边，还是想你。想联系你，想见到你，因为想你。

我想你可能在忙吧？

那你抽空看一下前三个字，可以吗？

# 感情里最讨厌的事，
# 是突然没了下文

什么事都可以拖延，但爱一个人不行。不然哪怕心再热，漠视惯了，也会冷却。

△

小荟给我打电话，埋怨男朋友：

我们约好了，每天晚上十点钟都要视频的，两年了基本都没变过。结果昨天我等到十一点多，还没见到人影儿，打他电话他还关机了，急得我不知道怎么办才好，就怕他出了什么事，一晚上没睡，联系这个联系那个。今天中午，他才跟我解释，说是手机没电了，还埋怨我不可理喻。

感情里最讨厌的事，就是对方前一秒还在跟你说话，突然就没了下文。聊天聊到节骨眼上，他就不回复了，只剩下你一个人，一直在牵肠挂肚、担惊受怕。

"为什么他突然失联了"这个问题，也许很多女生都会问。问完之后，往往还要很傻很天真地自我安慰，"也许在忙吧"。

但就像电影《他可能没那么喜欢你》里说的：有时我们宁愿相信一个男人压力太大、太累、太自卑、太敏感。有童年阴影，或者太爱前女友，却不愿承认一个简单的事实。是的，他不是太忙，也不是受过伤，更加不是有什么心理阴影，也不是手机掉进马桶或者是患了失忆症，他只是没那么喜欢你而已。

△

有一次，刘强东被曝出在开会时看奶茶妹妹的照片。原来，像刘强东这样忙的人，手机也是不离手的。

我突然想起，自己也是这样。在有了喜欢的人的那段时间，我每天都抱着手机不撒手。因为这是最常用的联系方式，因为心里总想着那个人，所以离不开。

洗澡的时候，因为他发了消息，我擦擦手就秒回。明明已经很困了，仍然硬撑着，一定要等说完晚安才去睡。他微信上回复"嗯"后，我会兴奋得原地满血复活旋转360°，然后强作镇定速度地回复"嗯嗯"。

其实不是离不开手机，是离不开牵挂的那个人。所以时不时按亮手机，等心里惦记的那个人给的回应。

就算再忙，怎么可能连回复一条信息，交代一下的时间都没有呢？

想送你回家的人，东南西北都顺路。想和你聊天的人，说的都是废话，他也觉得有趣。即使他真的忙，也会提前告诉你，忙完之后，也会第一时刻来找你。

凡事有交代，件件有回音。

△

演员王志文接受采访时，主持人朱军曾问他想找个什么样的人结婚。他回答说，想找个能随时说话的。

简简单单一句话，却是很多人心里想要的。

我想我跟你说话的时候你能回应，想我们视线相遇的时候能打个招呼，而不是明明你就在我身边，我们俩的心却隔着万水千山。你明明看到了我的消息，却可以理直气壮地假装没看到。

等一分钟没回复，我等；等一个钟头没回复，我继续等；等半日没回复，我继续等……但后来，我看到你给别人点赞了。我明白了，没有收不到的微信，只有不想回复的人。

他有空，但没有兴趣回复你，你就应该知道，他不是你要找的人。喜欢你的人自然会来找你，因为他不舍得让你等太久。


△


言承旭在出席活动时多次隔空向林志玲喊话，说二人能否复合要看林志玲的态度。有网友说，如果真的放不下，那就快点求原谅，再追她就是了；如果已经不想回头，就干脆点儿，别玩暧昧。

林志玲和言承旭，两个人从认识到现在快二十年了。

分手后很多年，林志玲在节目中谈及言承旭，依旧泪眼盈盈；言承旭却一直犹犹豫豫。

林志玲在《奇葩说》谈到这段旧情，她委婉地表示：自己的感情生活中已经不再有言承旭。

什么事都可以拖延，但爱一个人不行。不然哪怕心再热，漠视惯了，也会冷却。

△

曾恋爱多年的孔令辉和马苏当年上节目，鲁豫问到两人有没有结婚的打算。马苏立刻偏过头去问孔令辉："你觉得呢？"孔令辉却打起了太极："顺其自然。"

我想，当时马苏心里一定是复杂的，但她却只能故作坚强地说上一句，"也没办法，这么多年了不都这样吗？"再后来，孔令辉放话说北京奥运会后，一定会娶马苏，可等到二〇一二年，伦敦奥运会都开完了，这事也没了下文。

再深的喜欢，疲惫久了，也会离开。

△

那一年，梅艳芳罹患癌症，在最后的告别演唱会上，她独自一人穿上婚纱，站在舞台上缓缓说："我希望在三十二岁拥有自己的家庭，但没有，扑来扑去也落空，夕阳很美丽，只是近黄昏。"

夕阳无限好，只是近黄昏。

就像有人说的，你永远不知道明天和意外哪一个先来，所以我可以等，但不会等太久。

一次不回我微信没关系，一次放我鸽子也没关系，但是随着时间的流逝，我一定不会在原地，继续等你了。

## 世上最难忘的仪式，
## 是一个人的名字

> 有多少人，这一辈子的秘密只是一个藏在心底的名字。没有开头，没有结尾，只有四季更替，时间变迁。

△

你会为什么事情悔恨一生？

日本的一档节目里，满头白发的秋元秀夫撑着伞，孤零零地站在雪地里，对着镜头向二十四岁的自己打着招呼。

"嗨，秀夫，我是七十六岁的你！"

二十四岁时，秋元秀夫和同一公司的小华相爱了。他觉得自己太普通，像小华那样可爱、美丽的女孩，怎么会嫁给自己呢？所以秀夫一直犹豫着，不敢求婚。半个世纪后，秀夫对着镜头艰难地吐出后半生的悔恨："心中有爱就要马上行动啊！因为……两年后，小华就会因病去世，你会无比后悔，极度悲伤。"

"一直都忘不掉，所以直到你七十六岁，依然独身，未曾婚娶。"

"所以啊，秀夫，你替我转告亲爱的小华，我整个人生中，唯一最爱的人就是她。"

他好像不放心，又用力地重复了一遍："最喜欢的只有小华，一定要帮我转告她啊！"

"华，我爱你哦！"

秀夫挥了挥手，像是对着五十多年来一直未曾忘记的爱人告别。

我无法用语言描述我对你的爱，只能用一生咀嚼你的名字。


△


"不在一起就不在一起吧，反正一辈子很长。"和他分手时，我这样告诉自己。

我记得那天傍晚，我拿到刚发下来的试卷，望着成绩发愁。转头看到他趴在课桌另一边睡觉，夕阳从窗户里照进来，把他的脸涂得红红的。课桌两边，我们贴着同一所大学的名字，前面是摞成小山一样高的各种教辅。

我们躲在后面，他会喂我吃东西，或悄悄摸我的头。学习压力最大的日子里，我竟尝到一丝甜蜜。我以为，他真的会照顾我一辈子。

年少时的喜欢，大多都会无疾而终。

毕业很多年后，家里成堆的高考试卷和练习册，我终于舍得卖掉了。一本一本，它们被我毫不留情地扔进纸箱里。直到一本红色封面的练习册出现在我面前，一阵惧意涌上心头：这么多年过去，看到他的名字，心跳还是会快半拍。

"哎，你干吗，那是我的书。"

"我先给你的书盖个戳，以后再给你人盖个戳。"

原来，不愿回忆，只是害怕伤心。

△

一九三七年，军人乔庆瑞在假期归家时，依父母之命娶
了张福贞。

想象中的大家闺秀，变成了小脚的乡野丫头。他心有不
甘，却在成婚当日对张福贞一见钟情。他给她取名叫"婉
君"，两人互诉衷肠，说尽了山盟海誓、甜言蜜语。

可命运残酷，安排他们相爱，又不让他们相守。

婚后仅三天，抗日战争全面爆发，乔庆瑞再次奔赴战场。
张福贞紧握着他的手，流着泪叮嘱：我生死都是你的人，你
放心走吧，父母兄弟我都会尽责。

等啊等，皱纹爬满了张福贞的皮肤。

人有多脆弱，真爱就有多坚强。

五十年无望的等待和守望，五十年孤独的痛苦，她默念
着乔庆瑞的名字一个人熬了过来。再相遇时，他站在门口，
轻轻地唤了一声"婉君"，她一下绊倒在地上，半跪半爬地扑
进乔庆瑞的怀里，哭尽了一辈子积攒的泪水。

这是他们最后一次相遇，也是他们最后一次离别。

面对已在台湾成家的乔庆瑞，张福贞主动放手让他回

了"家"。

△

五十年过去了，长沙铝材厂的退休工人张龙辉还记得她的模样。

"她呀，瓜子脸、大眼睛、高鼻梁……"他满是皱纹的脸上全是笑意，仿佛当初那个美丽的女孩子就站在他面前。他们在一起的所有细节，他都记得。

那时含蓄，谈恋爱也要远远地站着聊天。

偶尔抬头对视，她眼里的柔情荡出水来，又飞快地低下头，不敢再看。更多时候他们写信，一封又一封传递着彼此的爱意。

相遇一年后，张龙辉因工作调动离开，分别时，他们泪流满面，发誓一定要保持联系。

爱上了，却不一定有结局。

一封无人接收的退信，让他们的关系戛然而止，他们在街上偶然相遇，又猝不及防地分离，只留下那些娟秀的字迹和难以忘怀的回忆。

张龙辉老了，他念着她的名字，颤颤巍巍地请求："能不能帮我找到我的初恋女友，我只想知道她过得好不好。"

有多少人，这一辈子的秘密只是一个藏在心底的名字。没有开头，没有结尾，只有四季更替，时间变迁。

△

一九三九年十二月十七日凌晨，昆仑关战役打响。

子弹铺天盖地，密密麻麻地飞了过来。炮弹和地雷震耳欲聋的声音此起彼伏，残碎的肢体飞溅，鲜血从身体里喷涌而出，洒了满地。

张近志是一名军医，他所属的六十四军经历了这场战况惨烈的战斗。而他的女朋友邓志英，是同在六十四军的护士长。

尸横遍野，血流成河。

突然，一颗子弹穿过了邓志英的身体，它来得那么快，张近志眼看着子弹笔直地飞入她的身体，邓志英再也没能站起来。

张近志在战场上拯救了那么多伤员，却没能救回自己的爱人。

他的初恋就这样终结在漫天战火和无能为力的悔恨里。

二〇一四年，九十六岁的他听闻九塘的烈士墓里刻有邓志英的名字，执意要辗转数百公里去看一眼。

冰冷的墓碑上名字那么无情，硬生生地隔绝了生死。张近志在烈士墓里蹒跚着找了好几天，也没能看到她的名字。

"邓志英"这三个字，已经成为他生命里的烙印。

△

"荷西"是三毛为她的先生取的一个中文名字。一个名字，让荷西和三毛的命运纠缠了一生。

三毛比荷西大了八岁，一直把他当作自己弟弟，而荷西却对三毛一往情深。荷西去服兵役之前，要三毛等他六年，"回来我就娶你"，三毛没有放在心上。

六年后，她未婚夫突发心脏病去世，荷西得知后，再次来信求婚。特立独行的三毛不顾众人劝阻，执意要去撒哈拉定居，荷西没有说什么，半个月后告诉三毛，他已在那里找到工作，安排好了三毛过去后的一切生活。

一向热爱自由的三毛有了爱，内心便好像有了羁绊。

她与荷西结婚后，作品源源不断。

后来荷西在潜水作业时意外去世，三毛写道："埋下去
的，是你，也是我。"

有的人，一旦遇到，以前的一切感情和经历就都不算了。
以后的人生里，也只剩下他。

△

钟崇鑫和张淑英相遇在战火纷飞的年代。

一九三七年抗日战争爆发，张淑英在车站看着丈夫离去
的背影，挽留的话始终没能说出口。

信一封一封从前线发回，里面的内容越来越让人担心：
"我的表弟阵亡了，他的同乡也阵亡了，万一我牺牲了，你还
年轻，你就随便吧，不要一直等我了。"

两年后，张淑英再也没收到过钟崇鑫的来信。

爱人的名字从来不需要刻意提起，也永远都在心底。

她没有放弃寻找，历尽周折，终于联系上当年的军长，
却不想当年信件中"牺牲"二字，一语成谶。

　　九十三岁的张淑英颤巍巍地站在台北忠烈祠的牌位前，抚摸着昔日爱人的名字，一笔一画，沾满男儿的鲜血、爱人苦苦思念的泪水，都深深地刻进心里。

　　两年初恋变成了七十七年日日夜夜难以割舍的怀念。

　　辗转反侧之间，尽是当年钟崇鑫英俊帅气的面容，和匆忙离开时不舍的背影。

　　时间不能带走一切。

　　我们无法记住相遇过的每一个人的名字，却丢不掉曾经爱过的那个他。

　　或许有缘，能和他携手走完一生；或许不够幸运，在人生路上，我们走散了，只能在余生默念他的名字。

　　世上最难忘的仪式，是一个人的名字。爱上一个人，好像突然有了软肋，也突然有了铠甲。多年后，爱人的名字，仍是心里来不及的梦。

## 我需要的仪式感，
## 是想和你叙叙旧

如果你已经离开了我的世界，我会怀念你。我不会因为朋友的离开心生怨念，我们之间建立起来的情感，已经永存于我心底。

△

世上最遥远的距离不是生与死，而是你去了常春藤，我做了微商。

这虽然是在开玩笑，但我们不得不承认，有些朋友是"阶段性的"，如《山河故人》中所说，"每个人只能陪你走一段路"。

生物学家邓巴通过实验证明，我们人类大脑皮层的能力上限是同时维护一百五十人的社交关系。年岁有加，这个圈子里不断有新人进入，一些久不联络的故人无可避免地、渐渐淡出了我们的生活。

身边一前辈表示，她最难过的事情是闺蜜结婚了，伴娘却不是她。

两人是发小，十几年的朋友。因为前辈出国，渐渐断了联系。前辈说，每次看见她在"朋友圈"说"老二"都以为叫我，实际上只是她的新朋友。她们以前还给儿子女儿定过娃娃亲，相约要见证彼此的婚礼，以及谁结婚晚谁当伴娘。

后来，前辈在"朋友圈"看见了她结婚的消息，很想说些什么，却又不知道从何说起。

她每次想到这事，比失恋都难过。曾经约定，你若长裙落地，我必短裙相依。可是最后，陪你见证最重要时刻的却不是我。

朋友，彼此之间肯定是有各种默契的。所谓的默契，是彼此之间达成的心灵契约。朋友间的心灵契约，内容是很丰富的，涵盖衣食住行和道德理想等方方面面，在每一个生活细节都可能存在彼此认可，比如每天在约定俗成的时间一起跑步，每次一起吃饭时必点某一道菜。这，就是朋友间的生

活仪式。当朋友不再是常相伴的朋友，支撑友情的仪式感便
会黯淡下去，尽管各自可以靠回忆去怀念，仪式感的失落总
是难免的。

△

以前经常煲电话粥到半夜，现在连对方的新手机号都
没有。

以前能在对方的空间动态下盖起长楼，现在千言万语只
能化为一个赞。

以前为了一点小事都能聊上半天的朋友，现在的交
流只剩下了"帮忙点赞""代购信息"和群发的"新年祝
福"……

曾经教鲁迅捕鸟、抓猹，分别时"急得大哭"的少年闰
土，时隔多年再见面时只有一句生分的"老爷"。鲁迅形容两
人之间像是"隔了一层可悲的厚障壁"，与好朋友疏远的感觉
大抵也如此吧。

当年毕业时大家痛哭流涕，说要当一辈子的好兄弟好姐

妹，可再见面时却只剩下了越来越客气的寒暄，聊得最多的还是那段反复提及过的共同回忆。

笑话讲久了都会腻，何况是日渐模糊的记忆呢。要好到被人当成同性恋的张爱玲与炎樱，最终还是输给了时间与距离。张爱玲说："我不喜欢一个人和我老是聊几十年前的事，好像我是个死人一样。"

陈奕迅在《最佳损友》中唱道："一直躲避的借口，非什么大仇，为何旧知己，在最后变不到老友。"好朋友关系变远，并不一定是吵架、闹矛盾。本就有时间和距离挡在面前，如果一个不说一个不问，那两人最后的默契就只有相互疏远了。

或许还有一种情况，是我们自己把这份友谊定义得太与众不同了。

蔡康永坦言："永远不要把友情放在一个不可思议的高度上，有些朋友就是在一个阶段带给自己美好东西的人，互相享受而不要互相捆绑。"

你有没有想过，你和他曾经的形影不离或许是天时地利的成全。

对朋友的依依不舍，是对彼此用心建立起来的情感仪式的割舍不断，是不想与过去告别，不想与过去的生活仪式告别。人，最重要的是活在当下，你使再大的劲也是徒劳的，过去的毕竟过去了。有时，会适得其反，你想挽回的力量过猛，不仅挡不住那些值得珍惜的情谊慢慢变淡，还会让其变味。

△

只是因为在一个学校，每天经历着同样的故事，如果性格上还没有那么多冲突点，很可能就产生了"这个人会是我一辈子的好朋友"的错觉。曾以为"手拉手去上厕所"就代表着我们很亲近，其实只是空间上近罢了。

大家水平相同才是一起厮混的前提，后来林子大了，你就和别的鸟飞了。

说到底，是"三观"的问题。朋友是需要交流观念的人，而不仅仅是交换感情。

年少的朋友之所以容易变淡，是因为到了复杂的社会，个人发展会变得不同，久而久之，思维也会慢慢走上不同的方向。在她最想收到进口巧克力的时候，你却给了她儿时你们最喜欢的辣条。

你们连彼此想要什么都不知道，谈什么友谊地久天长？

在《解忧杂货店》一书中，东野圭吾曾这样说："人与人之间的关系往往不是因为某些具体的原因而断绝。不，即使表面上有种原因，其实是因为彼此的心已经不在一起，事后才牵强附会地找这些借口。因为，如果彼此的心没有分开，当发生可能会导致彼此关系断绝的事态时，某一方就会主动修复。之所以没有人主动修复，就是因为彼此的心已经不在一起了。就好像眼看着船要沉了，仍然在一旁袖手旁观。"

聚散随缘，何必强求，千里搭长棚没有不散的宴席，日后你还能记得就好。

结交新朋友，不忘老朋友。我们每个人都在用一生时间构筑自己的情感仪式，那些幸运的人，可以将所有关于友谊的仪式感串起来，做成友谊的项链，挂在自己脖子上，走得再快，走得再远，也能随时与之对话。毕竟，我们的人生是由无数的生活细节组成的，如果能在每一段生活细节里感受友情的温暖，我们的生活自然是美好的。

## 再真的友情，
## 也经不起肆无忌惮地消耗

世间的友情大多无疾而终。愿你的友情能够有始有

终。如果无缘走到最后，也不必怨念：毕竟本来谁也

不属于谁。

△

很久之前听说过这么一句话：不联系但是见面依然亲近
的朋友才是真正的朋友。

真朋友无须想起，因为从未忘记。

乍看很有道理，却是被这一碗鸡汤茶毒了多年。

现在想起来，这不就是一群懒得去经营友谊的人给自己
找的华丽的借口吗？其意图就是告诉朋友：别看我不理你，

但是你在我心里有那么一个小角落哦。虽然我们不联系，但是见面还会像以前一样哦。

我与一位同学是多年老友，见证了一段单纯时光。

一起逃课，一起淋雨，还一起早恋……也产生了深厚的革命情谊，那时候偷偷约会就告诉父母是和她出门，送暗恋男生的礼物也互相帮着藏起。每次有不开心的事就拽着对方聊，在学校里的操场上一圈一圈地走。我们知道彼此所有的秘密。

有一次，我们闹别扭冷战了很久，后来给她写了信，看到她趴在桌上哭了很久。那一刻我才明白我在她心里的地位。

但是高中时，我去外地读书，我们的联系便越来越少，大学之后，由于考到了不同的省份，见一面更是奢望。我们一直都觉得，不联系也不要紧，反正见面还是会一样亲密。

前段时间，心里不开心想找她倾诉。晚上发微信问她在不在，想和她说点话。她回我：有事，等会儿。我想朋友在忙工作，有事情也正常，于是我等了一个小时。

她再回复我时，我直接秒回，问问她现在的状况。刚开始说自己的伤心处，微信那边突然没了回复。

又过了四十分钟，她回复我：刚才男朋友来了个电话，聊了一会儿。

然后，她问我："怎么了？"

我突然没有了说下去的欲望。

其实，平常也有感觉，长久的不联系已经让我们的友情越来越淡，生活的圈子也隔了万水千山。

除了在"朋友圈"里给她点个赞，好像也没什么可为她做的。

△

过去总是宣称我们天下第一好，有事情也会第一时间陪着对方，不知何时我们在彼此心中已不再是第一位。

被生活的大流一直推着走，不知不觉竟丢掉了故友。虽然她曾实实在在地踏入我的宇宙。

每个人都有一个这样的好友陪伴你的青春，又因为成长的必经之路分离。

想想当初，你们是因为什么成为好朋友？

或许是共同的兴趣爱好，抑或是某件事让你们同仇敌忾。例如，你们开始一起傻，她骂男友的前女友，你也跟着愤愤不平。

就是这种愿意为对方无条件付出的傻，让你们结成朋友。

对很多人而言，一旦拥有爱情，友情就退位其次。

你以为对方会一直都在，然后忙于爱情、工作。

发现了友情日渐冷淡，你便以忙碌和彼此社交圈的变化为自己开脱。

别拿那一套来掩饰你的懒惰，承认吧，你只是没有经营好你的友情。

谁会忙到连联系朋友的时间都没有？

你空闲时，只愿意用自己的娱乐方式来消遣。

你没有分出一些时间来给对方，也没有试着去了解彼此的新生活、新动向。

远距离的情感，就连异地恋都要天天打电话才能维持，你凭什么认为一直不联系，你和朋友还能亲密如初？

分离得久了，再契合的两颗心也会生出枝节。不去修剪，便会枝节丛生。

朋友，不能需要时当宝贝，不需要就当包袱。

△

从前，她带着哭腔给我打电话时，我会放下手上的一切
事情。而在我伤心时，那种不被重视的等待，却让我寒心。

我理解她的一切情况，只是希望在我需要她时，给我一
个温暖的回应，而不是生硬的语句。

我看不到她工作得焦头烂额，她也感受不到我因等待而
心灰意冷。我相信她还在乎我，只是把我放在了工作和爱情
之后，她知道我会一直等她。

人总是这样，对不熟的人客客气气，对熟悉的人过分
随意。

关于爱情，有这么一句话：我需要时你总是不在，以后
你也不必在了。友情也是一样，我需要你时你总是爱搭不理，
以后我不再会搭理你。

友情的城堡没有你想象那般固若金汤，你的忽视会让它
摇摇晃晃。就算不常联系，如果你还想维持你们的友情，请
别太肆无忌惮。

有这么一对朋友，阿达和阿龙是大学室友。阿达家庭条
件不是很好，阿龙是个富二代。

经济上的差距没有影响两个人的友谊，阿达总是以穷鬼来自嘲，阿龙也总拿这个调侃他。

毕业后，两个人相约见面吃饭，当年的穷小子阿达带着他的女朋友过来，聊天中说到过几天要去看一场演唱会，阿达买的票，两千多块一张，因为女友是演唱会明星的铁杆粉丝。

阿龙还像从前那样调侃他：你个穷鬼现在都这么舍得花钱了？你忘了以前你蹭我饭吃……

阿达脸色很难看，如果只是他们两个，也许互骂一下就过去了，但身边坐着女朋友，这番话深深刺伤了他的自尊心。

△

再好的朋友也需要考虑场合和底线。

两只刺猬的友情就是当一只刺猬露出肚子时，另一只刺猬爬到它身边帮它放哨。

当一个人袒露了真心，告诉你自己的秘密，你们便开始从交友变成了交心。

因为信任才向你卸下了盔甲，你了解对方的软肋不代表你可以去伤害，以玩笑之名说出的话往往最为可怕。

所谓长大，就是我们会发现留在身边的朋友越来越少。

真正的友情似乎都存在于学生时代，淡出一般的生活圈。

人生有一种悲伤，那就是旧知己最后竟然不是老友。

友情破裂的症结也许就在于这段友情里，彼此都太肆无忌惮，没有为感情的持续做出努力。

八月长安说："世间的友情大多无疾而终。"

愿你的友情能够有始有终。如果无缘走到最后，也不必怨念，毕竟本来谁也不属于谁。

# 不能聚成一团火，
# 至少能散作满天星

有些人注定在你生命里留下痕迹，而有些人则注定要擦肩而过。不能聚成一团火，至少能好好地散作满天星吧。

△

有段时间，一个大学女生宿舍互相吐槽的节目片段火了。

事情起源于一个女生怀疑她的室友在孤立自己，于是把室友叫上节目对质。两名女生相互数落对方的缺点，到最后，一点鸡毛蒜皮的矛盾让两人吵得不可开交。

"都大二的人了，居然还会藏麻花！"

视频里，四人寝室表面很和气，暗地里却把一块豆腐干、一条麻花的恩怨记得清清楚楚。

再看评论，一片嘲笑声中，有的人说这两人没把大事化小，却让小事化大，实在是夸张；有的人也开始吐槽起自己的奇葩室友：

> "我们寝室就有一个，天天睡得特别晚，还开语音。"
>
> "我就从来没见过她洗衣服，搭在椅子背上跟座山似的，穿完了就从一堆衣服里捡一件干净点的继续穿。"
>
> "我一个室友，早晨定 N 个闹钟，每隔五分钟响一次，全宿舍都醒了，就她一人醒不来。"
>
> "因为一个人，恨了一座城。"

那些谁起太早、谁睡太晚、谁不讲卫生的琐碎矛盾，就像溅在封闭空间里的火花，等到达临界值，一份藏起来的麻花就可能把情绪点炸。

女生活动，基本以寝室为单位，总是手挽手上课，手挽手逛街，"朋友圈"时不时就会出现四人、六人、八人的自拍。

她们之间的热情和熟络，让旁人看着都艳羡，但寝室关系这种事，处得好是"欢乐颂"，处不好就成了"甄嬛传"。

碰上让你感觉"奇葩"的室友，你会委屈，也会生气，偏偏还想维持表面的和气，只能向亲近的人吐诉苦恼。或者偷偷地，拉一个没有她的微信群。

△

微博上曾有一段很火的话：

> 女生寝室关系能有多复杂？六个人的寝室，建了五个微信群。说这话的人可能还没有领悟到事情的全貌：六个人的寝室，也许有六个群，只是还有一个群里没有你。

明是一团火，暗里一把刀。

一名姑娘和室友合租两年，原本一直相安无事。某一天，室友深夜带朋友回来玩，聚会的喧哗声影响到姑娘正常休息，于是她怒从心头起，一把抄起菜刀，砍向室友。

如果不是上述事件真实地发生了，很难让人相信表面和气的室友间，戾气能重到这种程度。

可数据又显示，比起直来直去的男寝，女生寝室的关系往往更微妙、更复杂。

△

《中国健康心理学杂志》上发布过一个社会调查，对一千名在校大学生进行问卷发放，得出了一个相当有趣的结论：在对于宿舍人际关系重要性的评估上，女生倾向于认为寝室关系好坏对自己的影响更大；但问及寝室实际关系的时候，女生的评分却比同年级男生低一些。

也就是说，女孩子们一边认为寝室关系很重要，一边却对自己的寝室关系并不是十分满意。而同年级的男生则更多地表现出无所谓的态度：虽然我们寝室关系挺好的，但我觉得寝室关系不是很重要。

这也是烈性案件大多发生在男寝，在网上吐槽更多的反而是女寝关系的原因吧。因为女生细腻敏感的小心思，尽管每天有无数人在网络上吐槽自己的室友，但它们中的绝大部分没有转化成血案，更多的，是无声处听惊雷。

荷兰有一档火遍全球的社会实验类真人秀节目，叫《Big Bother》(老大哥)。在节目中，一群陌生人以"室友"身份住进一间布满了摄像机的屋子，他们一周之内的所有举动，会被记录下来，剪辑之后在电视上播出。

这个节目播出近二十年一直长盛不衰，其中一个重要卖点就是复杂的人际关系。节目里有一个环节，每周选手们要写下自己最想淘汰的人的名字，提名最多的那位室友，就会被淘汰。因为这个规则的存在，整个屋子的气氛变得十分微妙。每个人都要在节目组设置的一系列任务中，小心平衡与每一位室友之间的关系。因为你很可能在室友心里种下一根刺，而自己却茫然不觉。

你是否感觉这场景有些熟悉?

把多元文化背景和各异价值观的人聚在一个密闭空间，强迫他们和睦相处，见识彼此最隐私的生活细节……这个节目激烈的人际冲突，正是所有寝室矛盾的加速版和放大版。但这不是最难的，最难的是明明内心充满煎熬，还要维持冷静与和平。

△

美国社会心理学家费斯廷格的"认知不协调"理论，或许能解释你那一刻的不平静。理论认为，自身行为和来自于周围环境的认知是不可能时刻同步的，当它们出现冲突时认知不协调也就产生了。

人会本能地避免这种不协调带来的心理不适，在行动上通常表现为行为的改变或者与环境客体关系的改变。也就是说，你之前的价值观和新环境必然会起冲突，也必然会产生不舒服。出于自我调节的目的，人会本能地采取其中一种选择：要么适应起来，要么离远一点。

知乎上有一个"大学生活让你懂得什么道理"的问题，排到最高的是一句吐槽：

"你可能会因为一个室友爱上图书馆。"

一句抖机灵的玩笑话，却不无道理。不喜欢室友，那就离开寝室，去你想去的地方，做你最想做的事情，认识你想认识的人。

有一期《奇葩说》，讲"十年后注定不在一起的人还要不要追"，姜思达说了一句话，虽然没激起什么反响，但我本人特别认同：正是因为生命有限，我们才不能珍惜每一个人。我们要珍惜的是那些最值得珍惜的人。

你有没有想过，其实你的不适感，很大程度上来自于硬撑的合群姿态?

《欢乐颂》里的乖乖女乔欣，杨紫对她的评价是"在戏剧学院难得一见的那种特别真诚的一个女孩儿"，但据说她和室友的关系也并不好。

乔欣在节目中谈起寝室琐事：有一次在寝室想借一下梳子，室友却都不说话，也不说借，就像没这个人一样，最后尴尬的她只好用手指作梳齿，梳了头发匆匆出门。

《欢乐颂》大火之后，那些曾对她爱搭不理的室友又开始主动加她好友，但这次乔欣并没有选择继续维持虚假的室友情。"我一个也没给她们通过。"她在节目中说得特别淡定。

△

有些人注定在你生命里留下痕迹，而有些人则注定要擦肩而过。不能聚成一团火，至少能好好地散作满天星吧。

说真的，室友能不能成为好朋友这件事，是要看运气的。

当你拖着拉杆箱一个人走进校园，孤独感会迫使你就近寻找最稳定的友谊和依赖。运气好的，会收获相伴一生的挚友；运气不好的，也许会在寝室碰壁，不过这也没关系，你不必去尝试说服别人，更不必为了一个合群的标签勉强扭曲自己。

有一个问答，问的是毕业的你最想对刚进校园的自己说什么。

"就算孤身一个人，心里也要有千军万马啊。"

# 你过得比我好，
# 我如何受得了

失败的人生固然可怕，但朋友的成功尤其让人揪心。

"恨人有，笑人无"大概是人性使然，也不必以此为耻。

△

人生，就是你失意时总有一群假惺惺的人以关心之名狠狠地踩你一脚，在你得意时这些人又一边讨好一边背地里吃酸葡萄。

有这么一类人，无法真心实意地祝福别人，自己不够好还希望别人和他一样，这样才有心理上的平衡。

比如他们平时不喜欢用功学习，考试前还希望你也别复习，能混个及格就行；你减肥的时候她们总是冷嘲热讽，生怕你丑小鸭变成白天鹅比她好看；他工作不尽如人意的时候，看到你也在苦哈哈地干活，嘴角露出谜之微笑。

他们想象有钱的都不幸福，幸福的都没有钱；他们觉得美女可能都胸大无脑骄纵懒惰，高富帅的婚姻都是不幸的交易。

总之，只有看到别人过得和他一样不好，他才放心。而当别人过得更差的时候，他们开始抱着一颗虚伪的同情心表示关怀，就是为了揭开他人的痛处好好看一看，再撒点盐，然后回去幸灾乐祸一番。

△

曾经一个邻居家的姐姐考上了北大。

在那个小城市中可谓是人人艳羡，别家父母都是分外眼红，都夸这孩子有出息，而想起自己孩子又不由得心酸。

但大学毕业时，这位姐姐却在很长一段时间内都没有找到工作。当时总有一些人频繁地问她的父母，孩子还没找到工作吗？她父母也只能无奈地一遍遍回应：还没有。

然后等她父母问及他们子女时，他们"谦虚"地说找到了，找得一般，现在一个月几千块钱，过几年还会涨。

她最终去了一个非常普通的高中当老师，工资也不高。

这些曾经酸溜溜的人心里面不知道有多爽，都暗自在想："不就是考上北大了吗？北大的又怎样，最后还不是和我姑娘儿子一样，找份几千块的工作。"

当失去光环的人终于跌下神坛，他们觉得不踩一脚都对不起自己。

在茶余饭后的八卦里，那位姐姐成了人们嘲讽的典型，她被用来教育小孩：学习可不能死学啊，不能学成书呆子，不然像那谁一样，上北大也没用。

△

只要有人过得比他们好，他们就会非常难受。

参加同学会看到往昔的同学开着豪车背着名包，酸酸地在一边说同学是啃老族。

看到新进的同事更受领导重用，就臆想同事是靠关系进来的。

身边的朋友越来越美，看着她的自拍照就猜想她哪里动过刀。

最让他们难受的地方莫过于"朋友圈"。失败的人生固然可怕，但朋友的成功尤其让人揪心。

彼此熟悉，阶层相似，经历相仿。

有朝一日看到曾经的朋友功成名就，走上人生巅峰，拥有了自己可望而不可得的一切，嫉妒就夺眶而出。

△

燕子就曾疯狂地嫉妒过一个初中同学。

"她长得没我好看，身材也没有我好，却嫁给一个英国的富二代，现在天天晒高端餐厅和名牌包，还总是和老公一起秀恩爱。"

燕子说看到她发的那些"朋友圈"就难受，但是又不想删，看一次难受一次。

"凭什么她一纸婚约就改变了阶级？明明我更优秀。"

他们总以为人人平等，却忘了这世界本身就不公平。

同事阿博也曾嫉妒懊悔过。

大学毕业后，他原本考上了本市的一个事业单位，却因为女朋友的关系不得不放弃。而他的朋友也考上了这个单位，职位还不如他的抢手，但工作轻松愉快，事业顺风顺水，还买了奔驰。他却在另一个城市做着普通的小职员，过着紧巴巴的日子。

"原本我也可以过上那样的生活，如果不是因为她！"

这种嫉妒让他迁怒于现在的女友，甚至怀疑爱情。

而嫉妒就是变相认输，当人因为嫉妒而恶意评价或者做出伤害性行为时，只会输得更难看。

其实每个人都有过嫉妒的时候。

小时候会嫉妒别人的玩具，长大后会嫉妒他人的成功。

△

美国教育心理学家科温顿（Covington）曾在一九九二年提出一个自我价值理论，基本假设是当人的自我价值受到威胁时，人类将竭力维护。

也就是当一个人无法感受到自己的价值时，他会找一些理由来逃避失败，以获得心理上的补偿。

所以我们看到美女会去查找她之前有没有整过容，看到朋友找到好工作会去猜测他是不是依靠家里。

"恨人有，笑人无"大概是人性使然，也不必以此为耻。

但是别让这种嫉妒转化为"见不得别人好"和"幸灾乐祸"。

那种见到别人好就去中伤他人，看到别人不幸就幸灾乐祸的人，本质上都是非常自卑的。

自身不够强大，又不愿依靠努力去改变生活，只能靠"别人也这样"来自我安慰。

《来自星星的你》里女二号想要告知让女主角千颂伊难受的消息，千颂伊一眼看穿对方的心思，拒绝并感慨："人心就是如此，看到比自己好的人，不是想着我也要去那里，而是你也来我这泥潭吧，下来吧下来吧。"

△

只有同在泥潭分不出高下，这些自卑怯懦的人才最舒心。

但这绝不是转移嫉妒情绪的最佳方式。

最好的方式是将嫉妒化为羡慕，使之成为自己前进的动力。

不要让别人，更不要让自己陷在泥潭里。

# 你嘴巴这么毒，
# 心里一定很苦吧

一个把刻薄嘴贱当成耿直诚实，把目中无人当成伶
牙俐齿，把别人受伤当成玻璃心的人，口吐的不是莲
花，而是子弹。

△

朋友刚去英国留学不久，在群里向我们抱怨新生活中的
不顺利。他新换的微信头像，是一幅黑白线描的自画像。我
问他："你怎么把头像换成自己的遗像？"友尽。

朋友出国旅游，用英文发了"朋友圈"附上美景自拍，
我在下面评论里一字一句地指出其中的语法和拼写错误。之
后被拉黑了三个月。

你要是问我，"你嘴这么毒……"我可以帮你回答，"因为我心里苦"。

听你抱怨异国生活时，我正加班赶项目到凌晨，下着大雨加五十块钱小费才打到一辆出租车，我羡慕你同样年纪仍然心安理得花着父母的钱在国外追逐梦想。看你"朋友圈"发旅行晒男友晒美食，我想到你当年学习没我好，能力没我强，可是找了个富二代就过上了我想过的生活，唯一能做的愤世嫉俗就是嘲笑你残缺的语法。

嘴巴毒的人，有几个心里不苦呢？

要说毒舌大师，莫过相声界的郭德纲。

而他心里的苦，其实也显而易见。初来北京时，那段四处恳求前辈收留的过往；德云社危难之际，爱徒出走的孤立无援。这些都是他心中的苦，哪怕如今扬眉吐气，过去的那些苦早都烂到了心里。

△

嘴上越强势，就越是在用语言来掩饰自己内心的自卑、软弱和偏激。林黛玉几次三番地用言语挤兑宝玉，掘得宝玉常常无话可说。这多半源于她自己的安全感缺失，生怕姐姐妹妹们夺去了自己在宝玉心目中的地位。

嘴毒的人既看不起自己也看不起他人，总是对外表现出攻击性。本质上讲，吐露攻击性言辞的人，是在向倾听者传达负面的情绪，一个人对外界的吐槽和毒舌，实际上都投射了自己的内心。

心理学上有个名词叫"替代宣泄"，揭示了"嘴毒心苦"的原因。二十世纪初，弗洛伊德就发现，病人会因语言上的倾诉而感到心理上的宽慰，从而病情好转，他将这种现象称为"宣泄"。

"替代宣泄"的意思是，有些人之所以具有攻击性和侵犯行为，是因为他们遭受挫折或烦扰，但由于种种原因心理压力无处发泄，于是他们会找"替罪羊"进行言语攻击，完成自身宣泄的目的。

著名的"踢猫故事"中就隐含着这样的"替代宣泄"：公司老板骂了老爸，老爸痛斥了儿子，儿子一怒之下踹了自家宠物猫——老爸嘴巴太毒骂儿子，其实是因为他遇到了别的事让他不爽。

相声老师的毒舌是"艺术"。

可作为生活中的一般人儿，抖机灵一时爽，恶语伤人带来的伤害有时候连金钱都无法弥补。

那些自诩为"朋友圈"内的一股清流，以撕破伴装人生赢家为乐的朋友们，总以为毒舌能够大快人心，乐于把自己塑造成"朋友圈"里勇于撕破虚伪的斗士。

然而事实是，这样的人常常让人觉得浑身散发戾气。大家都有自己的难过和不满，用伤害别人的方法来宣泄自己的情绪，这种做法真的很没水平。

前一秒还以为自己是幽默大师的属性，转眼人设崩塌。很多朋友刻意把自己打造成铁齿铜牙，因为影视剧中这样的人物总能博得人们的喜爱。

△

"别人的愚蠢让我感到悲伤，所以我才哭。"《生活大爆炸》里的谢耳朵，专长用智商和毒舌碾压身边的朋友，可是不仅身边的朋友们没有背离他，每次毒舌都像抖包袱，还能招来画外笑声。

《神探夏洛克》里的卷福，讽刺别人拉低了整条街的智商之后，还能赢得智慧是性感新潮流（Brainy is the new sexy）的赞誉。

就连《摩登家庭》里那个小小年纪就能常常用几句话噎得众人无力反驳的小女孩 Lily，也备受观众们的喜爱。

关键是，生活和剧本之间差一个百毒不侵的好室友莱纳德，还差一个无底线宽容忍耐你的铁哥们华生。更因为彼时彼刻遭受痛苦的不是你，你是围观痛苦的那个。

谢耳朵的毒舌，是智商超群而流露出的天然本质。这样的犀利靠的是脑子，而不是大嘴巴。

在现实生活中，很多人自以为的毒舌并非直切要害、点醒他人。驾驭不好，往往变成了嘴贱。

没有说相声的命，还偏要别人做捧哏的，这是非常不合适的。

动辄谈论对方的隐私，恨不得卖弄自己道听途说的信息来挤兑别人，把笑点建立在中伤他人的基础上。在众人面前，一句没风度的话让对方下不来台，结果是众人会认为你情商欠费。

如果当事人不在现场，大家则会认为你是热衷于背后嚼舌根的碎嘴。高智商会体现在你的犀利言辞上，但这绝对不是一个可逆的命题。

当我们都误以为化身成嘴下不饶人的黄小仙，就能收获一个暖男王小贱时，却忘了男朋友离她而去，是因为再也无法忍受这个姑娘的刻薄。

△

在现实生活中，一个把刻薄嘴贱当成耿直诚实，把目中无人当伶牙俐齿，把别人受伤当成玻璃心的人，口吐的不是莲花而是子弹。

倘若你控制不住自己那张揶揄讽刺的嘴，不如把毒舌对象转为自己。在人际交往中勇于自嘲，往往折射出的是一个人内心的乐观与豁达。一个优秀的毒舌，一定要勇于对自己下嘴更多，下嘴更毒。

# 越亲近的人，
# 越渴望你温柔相待

人愤怒时容易出现"意识狭窄"现象，会死盯着负面信息不放，无限放大。有时纠结的源头，实在算不上多大的问题，如果双方能有所克制，有话好好说，问题很好解决。

△

看到过这样一则新闻：夫妻吵架情绪失控，妈妈将半岁大孩子抛下楼后自杀。

妻子没留神，五个月大的孩子不慎从床上摔下来。丈夫指责："你不上班，在家连孩子都看不好。"两人大吵一架后，丈夫见孩子没事，又悠然地去参加别人的婚礼。兴许是看到丈夫深夜才回来，妻子怒从心头起，两人又开始激烈争吵，互相推搡动手。争吵间，妻子爬上窗台，先把孩子抛下五楼，随后自己也跳了下去。

所幸母子二人保全了性命，但最终，妻子多处骨折，孩子也颅脑重伤。

## 你好好说话会死吗

看完这则新闻，我的第一反应是：不好好说话是不是真的会死啊！

人与人相处，兵戎相见的时候并不多，那些经常存在于我们周边的小摩擦，很多时候就是由于话语造成的。一句话，就可能引发争论，导致一场家庭争斗。

孩子不慎掉床，妈妈一定是最自责的那个。这时丈夫开始肆意宣泄自己的不满，道出了那句在我看来非常残忍的指责："你不上班，在家连孩子都看不好。"

他似乎是忘了，妻子虽然是家庭主妇，却日复一日地忙，甚至没有假期，不分昼夜。正是他有意无意的这句话，挫伤了妻子，引发了争吵，也险些酿成悲剧。

人生气时说的话，会像钉子一样钉在对方心里，不管之后说多少次对不起，伤口会永远存在。

许多人意识不到，越亲近的人，越渴望得到你的温柔对待，因为在乎，所以他（她）对你的每句话都很在意。

## 爱的反面不是仇恨，是漠不关心

哺乳期的妈妈本就敏感，面对孩子的哭闹和日常琐碎，有 10% ~ 15% 的可能性产后抑郁。许多网友在评论区现身说法，推断这个新闻里的妻子就是其中一员："我当时每天有无数次自杀或带着孩子一起死的念头，随便一句话都能让我万念俱灰。不管孩子发生什么，都是我的错，这种心理压力让人很难解脱。"

这些网友，她们都曾离绝望无限接近，可是，这其中大部分人，都是靠自己走出阴影的。

新闻中的妈妈是否抑郁还不得而知，但我们能够知道：她的产后心情，没人注意到，也没有被关注。

事后，公公面对采访时只说："她没有承认错误的想法，可能是心肠太硬了。"

婆婆怎么说呢？

"她性格比较内向，平时也难沟通，她有没有产后抑郁，那谁知道呢？我不会原谅她的。"

我们总是习惯了，对天边的事奉献热情，却对身边的人漠不关心，甚至贬低、冷战，朝夕相处，却又彼此伤害。

就如买了一双新鞋，每次蹭了一点儿灰都会小心翼翼地拭去，后来时间稍微久了一点，就算被别人踩了一脚，连头都懒得低了。

大抵有些人对人对事都是如此吧，起初她皱一下眉头你都会心疼，后来她哭你也无所谓了。而哪怕得到了所有人的关心，在意的人不闻不问，人就会觉得像是被世界遗弃一样孤独。

**没有收拾残局的能力，请别放纵善变的情绪**

在心理学家看来，人愤怒时容易出现"意识狭窄"现象，会死盯着负面信息不放，无限放大。有时纠结的源头，实在算不上多大的问题，如果双方能有所克制，有话好好说，问题很好解决。

但总有人让自己沉溺在或悲或怒的情绪里，失去理智，付出惨重的代价。

就如这位妈妈，超载的愤怒像情绪炸弹般爆发出来，伤到了自己，也伤到了尚在襁褓的孩子。

发脾气是本能，控制脾气则是本事。

"何炅发飙"的话题曾登上微博热搜，引发了众多网友的关注。

起因是在节目录制现场，由于对比赛结果的不满，选手之间开始互怼，一位选手甚至一脚踢飞衣物。何炅多次叫停无果后，撂下一句"我对你们很失望"，愤然离场。事后他解释："我觉得他们在那里吵吵闹闹的样子很不体面，遇到一个问题的时候，一定要以解决问题为前提，而不是以发泄作为自己唯一的选择。"

没有生气不一定代表没有负面情绪，而不把负面情绪转移给无辜的人，才是涵养。

## 太情绪化的人，容易被情绪牵着鼻子走

情绪就是心魔，你不去控制它，它就吞噬你，还殃及旁人。

我还看到过另一则新闻，至今记忆犹新：妻子发现丈夫在微信上给别的女子发红包，愤怒之下争吵并跳河，丈夫跳水营救，不曾想，妻子获救了，可丈夫却再也没能上来。

妻子跳河却淹死了老公，以闹剧开始，以悲剧收场。

一位网友评论说："这场悲剧的发生无论是不是'小三儿'惹的祸，至少可以说明这位一言不合就跳河的妻子，平时的强势和唯我。"

婚姻说白了就是过日子，都是在矛盾和问题中同生共融，彼此都是对方的依靠和责任。相互之间丧失了平等、坦诚和尊重，长此以往，婚姻的基础就会被动摇。

情绪化到失控，是一种非常可怕的力量。

在情绪化的人心里，你要么服从我，要么就谁都不爽，这与其说是耿直，不如说是没脑子。每个人都会有负面情绪，

它就如同行李，需要我们不时去整理，如果总是放飞自我，风波迟早会来。

电影《教父》里面，教父的大儿子桑尼做事冲动鲁莽，最终被人射成了马蜂窝。而小儿子却凭借着自己的判断，甘愿在离家万里的西西里蛰伏多年，保护了父亲，又让凶手受到了惩罚。

一个只会咆哮只知抱怨的人并不厉害，让人叹服的是，他懂得克制和隐忍，并想办法走出困境。

我们从小就被教导"三思而后行"。说话前需要三思，因为嘴连着心，语言可以是最冰冷的刀戟，戳伤别人。做事前更需要三思，越激动，越需要克制，否则事态的发展很可能超出预期，反噬自己。

有句话说得好："人要学会爱自己。"许多人错误理解了这句话，把"爱自己"当成了自私的借口，造成伤害和损失后，又若无其事地走开。

其实，真正的自爱，在于每时每刻都能对自己的言行负责，因为它不仅会影响你，也会影响到别人。

# 宁愿自说自话，
# 也不愿被人看笑话

　　大概每个人都会更加倾向于把令人喜欢的一面展现出来，把平凡的沮丧的自己藏起来，然后在没有人看到的"分组可见"里肆意释放。

△

　　一位博士网上征婚，六天内被骗了七千四百多块钱。

　　起因是博士在某征婚网站上添加了清纯妹子的微信，两人相谈甚欢，女生让博士给她发五百二十块的红包，因为自己想发到"朋友圈"炫耀。

　　主动要求发"朋友圈"的举动，让博士对女生的好感倍增，他觉得既然发了"朋友圈"，就等于公开承认了他们的关系，不会被当成备胎，很靠谱。

之后，女生开始频繁在"朋友圈"秀恩爱，博士也对她深信不疑，对女生几乎是有求必应。

直到事情败露，博士才恍然大悟。

原来妹子的"朋友圈"是分组可见，她同时和 N 个男生聊天，只有发红包的人，才能看到她"朋友圈"的专属"秀恩爱"。

"朋友圈"分组可见，这个功能大家一定不陌生。

对大多数人来说，微信早已不是私人的交友空间，"朋友圈"也不仅是发给真朋友看的，老板、同事、客户、暗恋对象……都是围观观众。于是，"分组可见"这一看似不起眼的设置，恰好容纳住了"朋友圈"里的七十二变。

△

表弟刚上大学的时候特别腼腆，看到喜欢的女生迎面走过来都会脸红。

那时他暗恋一位学姐，相互加了微信却从来没说过话。但他每天都会密切关注学姐的"朋友圈"动态，像做阅读理解一样从字里行间研究学姐的心情。

有一天，学姐发了一条"朋友圈"，大意是好无聊啊，想去看电影。表弟立马网购了两张电影票，晒图发"朋友圈"说"被人放鸽子了，有没有人想一起去看电影啊"。设置了分组对学姐一人可见。忐忑不安地等待了十分钟后，表弟的"朋友圈"里毫无动静。

他又刷新了一下"朋友圈"，发现一个学长在学姐的状态下留言，买了×××的票，去不去看?

学姐回了一个字，好。表弟心碎了一地，默默删掉了那个分组可见的电影邀约。

可能每个有暗恋对象的人都有一个这样的分组，里面只有孤零零一个人，却塞满了你所有的关注。

点开他（她）的"朋友圈"，里面的每一句状态你都烂熟于心，每一张照片都是加载完毕。你发了好多条只对他（她）可见的"朋友圈"，看似毫不经意的一字一句中，都是你欲说还休的心思和惴惴不安的期待。

△

其实表弟的遭遇不算最惨，至少学姐的"朋友圈"是开放的，他还可以没事进去遛一遛，时刻掌握学姐的情感动态，分析学姐的口味偏好，没准哪天就逆袭成功。

有些人的暗恋对象，"朋友圈"就是白茫茫的一片，提示你"就算加了微信，你也别想踏进我的'朋友圈'。"

之前，我真的以为"朋友圈"空白的人，就是从来不发"朋友圈"的。直到有一天，我无意中在闺蜜的手机上看到了当时暗恋对象的"朋友圈"，里面满满当当的都是生活的琐碎记录。而在我的手机里，什么也看不到。

原来有的人不是不发"朋友圈"，只是你不在可见的分组里。

世界上最远的距离就是我对你设置特别关注，你却对我设置分组不可见。

还有一种分组可见，经常出现在情侣之间。

有一个恋爱达人曾经跟我说，男生是很笨的，有时候你生气了他也不知道，但为了这么一点小事就跟他吵架又太作。所以呢，有些话不好意思直接说，你就发"朋友圈"仅他可见，单独对他说。

男性朋友们，这下知道为什么你们的女朋友每天发那么多"朋友圈"了吧。

△

"朋友圈"，是最能体现因人而异的地方。

我曾经采访过一位女生，她可以算得上是大神级别的人物。

她的"朋友圈"有十几个分组，每一个分组呈现的，都是她不同的人设。

在好姐妹看到的"朋友圈"里，她张牙舞爪，上午吐槽同事、下午大骂老板。在同事和老板看到的"朋友圈"里，她热爱工作，无条件为公司打广告，还时不时帮老板孩子比赛拉个票。在男神看到的"朋友圈"里，她端庄大气，不是在花艺课上插花，就是在咖啡店里看书。在前男友和一般好友看到的"朋友圈"里，她是标准的白富美，要么在丽江古镇里撑着油纸伞漫步，要么就在三亚的沙滩上晒日光浴。发一张自拍，角落里都会不经意间露出一个闪瞎眼的LOGO。

其实很多照片不是当天拍的，她有专门的照片库，就是为了保持"朋友圈"更新内容的精彩度。

听她挨个展示完"朋友圈"后，我目瞪口呆。

和她聊天的两个小时里，她一直把手机放在手边，屏幕一黑她就立马摁亮，生怕错过一条消息。

每天在"朋友圈"里活得精彩的人，八成很无聊吧。而把"分组可见"玩出这么多花样的人，一定更无聊。

△

千万别小看"朋友圈"分组，一个不留神，它就能让你体会什么叫世事无常。

在某论坛看过一个帖子，博主发了一条吐槽老板的"朋友圈"，酣畅淋漓地骂了老板一通。

本来想设置对老板不可见，没想到手一抖，设成了仅老板可见。结果第二天，他就被老板叫到办公室单独会谈。

还有一个小姑娘，和闺蜜闹了点不愉快，心里憋着气，屏蔽掉闺蜜发了一条发泄的"朋友圈"。没想到五分钟之后，闺蜜直接甩过来一张截图，正是她发的那条状态。

看热闹的不嫌事大，你把争执的证据都公之于众，还怕没人去通风报信吗？

有的朋友喜欢把父母单独分组，熬夜、泡吧、秀恩爱的状态会屏蔽掉父母。

微博上有一个姑娘，半夜录了一首歌，自我感觉非常好，特意晒在"朋友圈"。

第二天起来，发现一堆点赞评论中间出现一股泥石流。父亲大人："唱一千首不如好好考一个司考证！"原来她忘记把父亲移进家人群了。

这些令人啼笑皆非的事情共同说明了一个道理，别在"朋友圈"耍聪明。

以伪装、隐瞒或者抱怨为目的的"分组可见"，就像在"朋友圈"安放了一个定时炸弹，说不定哪天就得罪了同事，疏远了朋友，伤害了亲人。

△

更多人的"朋友圈"可见分组里，只有自己。

现在的"朋友圈"里，真正的朋友极少，如果频繁地袒露心声，或者经常表达负面情绪，会让人觉得不成熟，甚至会显得很矫情。所以，越来越多的人将"朋友圈"关闭，宁愿自说自话也不愿被人看笑话。

既然不能让大家喜欢全部的样子，不如就展示给他们想要的样子吧。

大概每个人都会更加倾向于把令人喜欢的一面展现出来，把平凡的沮丧的自己藏起来，然后在没有人看到的"分组可见"里肆意释放。

那些分组可见的、三天可见的、白茫茫一片的"朋友圈"……那些锁掉的、删掉的、关掉又打开的"朋友圈"；都是不想被新认识的朋友知道的过往，都是堵在心头无可发泄的情绪。

通通都关起来，不想被人看到。展露出来的，永远是元气满满的、刀枪不入的、全新的你。

可是，发一条状态前花那么长的心思去设置分组，仔细筛选，忐忑地分析哪些人可以看，哪些人不能看，到发送前的那一刻，你还有倾诉的心情吗？

这样小心翼翼地经营着"朋友圈"的你，看起来真让人心疼啊。

柔情的仪式，从好好说话开始

## 颐指气使的大人，
## 会把孩子教坏

　　我想这个孩子自己并不曾自由主张要生在我家，我们做父母的不曾得到他的同意，就糊里糊涂给了他一条生命。况且我们也并不曾有意送给他这条生命。我们既无意，如何能居功？如何能自以为有恩于他？他既无意求生，我们生了他，我们对他只有抱歉，更不能"施恩"了。

　　　　△

　　著名的家庭治疗师维吉尼亚·萨提亚曾经说过："一个人和他的原生家庭有着千丝万缕的联系，而这种联系有可能影响他一生。"

　　这句话可以说是救了很多人，让那些一直苦苦和自己的懦弱自卑抗争的人松了一口气。

他们曾经自卑、懦弱，没有安全感，努力与这样的自己抗争，却发现即便学会了表面上的虚张声势，内心的怯弱无处落脚。

自我怀疑和自我否定日日夜夜啃噬着残存的自信和自尊。他们一直都缺这样一个人告诉他们：孩子，有时候不全是你的错。这些根源，都可以追溯到原生家庭对待你的教育方式。

在《爸爸去哪儿》第三季中，很多人都在林永健身上找到了自己父母的影子。

△

当其他的爸爸把节目当成一个了解孩子，增加和孩子相处的机会时，林永健把这个节目当成了向全国人民展现自己的孩子有多优秀的平台。

这就是传统的中国式父母，在外人面前，自己的孩子一定要是值得炫耀的，不容许犯错。

所以，当林永健发现儿子林大竣把桌子上所有的饮料都装进自己的包里时，勃然大怒。他以为孩子是贪小便宜，立即要求摄影师把机器关掉。他不容许自己的孩子给自己丢人。而事实上，大竣是以为别的小朋友没有饮料，想装起来给大家分享。

林永健的敏感和对孩子的不信任，主要是源于在前几次的节目中，大竣的表现不是很好。所以当他发现大竣又在犯错误的时候，第一时间不是询问孩子这么做的缘由，而是考虑自己的面子是不是又要因为孩子不争气而尽失。

中国父母喜欢在人前炫耀自己的孩子，归根到底还是因为"讲面子"。但他们忽略了孩子是人，不是随随便便的一件东西。

因为优秀，你们就愿意把我炫耀出去。如果我不优秀，是不是就要被三番五次嘲讽"你看看人家，你怎么就这么差劲"？

△

美剧《This is us》上映，这部温暖的家庭剧可以说是赚足了观众们的眼泪。剧中的父母杰克和瑞贝卡展现了真正值得尊敬的父母是什么样子。身边很多看完这部剧的朋友都说：如果我的父母是像杰克和瑞贝卡这样，我现在一定会有自信的底气，不会这样没有自我。

剧中让我印象最深的一个片段，是爸爸杰克让儿子兰德尔趴在自己后背上，杰克背着儿子艰难地做俯卧撑。兰德尔实际上是杰克家庭收养的黑人孩子，杰克这么做是为了告诉兰德尔，无论在什么情况下，爸爸都会是扛起你的力量；无论发生什么，你都可以依赖爸爸给予你力量。

△

这让我不禁想起另外一部展现中国文化的电影《刮痧》。

剧中许大同的儿子丹尼斯打了老板的儿子保罗，许大同不分青红皂白就当着所有人的面子给了儿子一巴掌，更撂下一句中国的老话：人前教子，背后教妻。之后儿子解释，是因为保罗先侮辱自己的爸爸，自己才动手打人的。

孩子感到很委屈，为什么当我用尽全力去维护父亲的时候，父亲却在人前不肯维护我。

小孩子打人固然不对，但是许大同的表现无疑是推开了父子间的距离。

要想让孩子从小就有安全感，父母应该告诉孩子：我会保护你，即使所有人都伤害你，爸爸妈妈会全心全意爱你，支持你。

即使有一天你退无可退，爸爸妈妈也会张开双手拥抱你。

△

曾经在豆瓣上看过一位网友分享身边朋友的例子。

她的朋友曾经在著名高校读研，毕业考上了公务员，每个月的工资八千多元。男朋友也在当地工作，两个人生活很幸福。后来她父母非让她回东北小县城。她回来后，没有工作，跑到补课班工作，一个月累死累活赚三千多元。不久后，和男朋友也分手了。身边的朋友知道后都特别震惊，问她为什么要回来。她就哭不哭笑不笑地说："父母说要死，我能怎么办？"

后来，这个姑娘再也受不了父母的控制，考上了博士，一走了之。

相信很多人身边都有这样的朋友，大学毕业后本来有自己的打算，自己的追求，但是拗不过父母。听从安排回到身边，做着父母托人找关系得到的工作，和父母看好的对象相亲。

稍微有一点点不顺父母的意，就会有多样的窘境考验你。

头疼脑热高血压，亲情杀各个都足以促使你惭愧自责，放下一己之念，否则就是不孝、自私、白眼狼。有些父母会闹个天翻地覆，甚至跑到公司单位去大吵大闹，完全不顾及面子。父母说是爱你，为你好。其实这是一种以爱的名义所进行的强制性的控制，让子女按照自己的意愿去做事情。这在心理学上称为"非爱行为"。

这样的父母最爱说的话就是："为了你，我放弃了什么，牺牲了什么，你为什么不听我的话？"

因为没有安全感，连个人的安全感都建立在"孩子听话，懂事"的基础上。这样等自己老了，他们认为孩子才会如他们所期望地一样赡养老人。一旦有一天孩子违逆了父母意志，其安全感就被打破，不安就转化为一种更加强烈的控制欲。

而他们恰恰忽视了，距离和独立是一种对人格的尊重，这种尊重即使在最亲近的人中间，也应该保有。

△

美剧《无耻之徒》中最让人头疼的就是无赖老爸弗兰克。家里六个孩子，他从未替他们操过一份心，付过一份责任。

终日酗酒吸毒坑蒙拐骗，但最让人恨的莫过于当他没钱花的时候，就会回到家中夺取兄弟姐妹好不容易攒下的积蓄。

每当此时，他都会心安理得地说："你们住着我的房子，我为你们交着税，是我劝了你们妈妈不要把你们流掉，这些都是我应得的。"

虽然我们的生活中很少能有如此夸张无赖的家长，但是中国父母常常用"我生下你，便是对你有恩；你若不听我的话，那就是忘恩负义"来裹挟子女，站在道德制高点上指责，这和弗兰克的心安理得大同小异。

胡适在儿子出生后，曾经在日记中写下：我想这个孩子自己并不曾自由主张要生在我家，我们做父母的不曾得到他的同意，就糊里糊涂地给了他一条生命。况且我们也并不曾有意送给他这条生命。我们既无意，如何能居功？如何能自以为有恩于他？他既无意求生，我们生了他，我们对他只有抱歉，更不能"施恩"了。

△

在《妈妈是超人》第二季中，包文婧作为一个新手妈妈，面对无法沟通的女儿小饺子时几度崩溃。但是让她崩溃得最彻底、涕泗横流的一次，是源于母亲对她的打击。

当得知包文婧要一个人带孩子的时候，母亲变换着姿势表现出了不放心。事无巨细地交代包文婧，冰箱里有什么，辅食机怎么用。包文婧说知道了，姥姥当下就反问："哦，你又会了？"

于是，包文婧说："有啥事就发微信呗。"姥姥的回答只有一个字"屁"。后来包文婧在自己带孩子的时候，心中有诸多委屈和疑问，都不愿再向母亲倾诉，她觉得如果她和母亲说，母亲一定会责怪她带不好饺子。她在接受采访时说："在我紧张的时候，妈妈是不是应该安慰我、鼓励我、包容我？可她从来没考虑过我，我觉得很委屈。"

"妈妈是我最亲的人，那么亲的人在贬低我的时候，真的才会刺激到我。"

包文婧作为一个成年人，尚且会因为母亲对自己的贬低感到委屈。那么一贯接受"打击教育"的孩子，心中该有多少委屈和自卑呢？

这样的孩子即便长大后成为优秀的人，和一群优秀的人竞争，他在残酷的环境中越发感受到的是童年阴影对自己人生的负面影响。

他们无法正常社交，无法自我欣赏，永远觉得自己配不上拥有的一切。

孩子长大后，很多父母都抱怨自己的孩子不愿回家，不愿常和父母联系，内心落寞。

殊不知，这是孩子在抗拒让父母了解自己的生活，拒绝给父母插手自己生活的机会。

每次面对父母，不变的是父母对自己的荼毒式语气。而变了的，是此刻孩子具有了自己的想法。

△

当父母再次重复起对孩子的数落，孩子想的不再是父母为何否定我，而是父母二十几年来的否定对我的人生造成了什么样的影响。他们化为被怨念充气的气球，他们害怕自己当着父母的面爆炸。

孩子不愿和父母进行深入的对话，害怕父母说："养育你二十几年，为什么等不来一句道谢？"因为孩子怕在那一刻，会卸掉自己伪装二十几年的温顺和歇斯底里："二十几年来，我等的是你们的抱歉。"

每一次谈论父母、家庭、教育，我都会看到类似这样的留言：

> 说得很好，可是我不敢让父母知道我的想法，不敢让他们看见这样的文字。他们已经老了，我尝试理解，心疼在精神和物质上饱受摧残的他们，很心疼同样被粗糙带大的他们。我能做的只有体谅和理解，努力改变成长经历给自己带来的负面影响。但我要做一个好父母，在未来，让我的孩子有个健康的童年。

# 让孩子感受到爱，
# 是最好的家教

很多父母总拿没文化掩饰自己的教育无能，其实这
是家庭教育里最荒谬的借口。

△

父母辈的爱情，或岁月静好，或吵吵嚷嚷，所有行为，
都在为子女以后的情感埋伏笔。

我一生最像妈妈的时刻，是和恋人的分手。不懂表达，
不会撒娇，任凭心海波涛暗涌，面向对方还是满脸冷漠。

表姐打电话骂我："你怎么跟你妈一个德行！"

她又何尝不是像极了自己母亲？

这位人妻，永远在嫌姐夫买的衣服丑，永远对姐夫发型

不满意。她边给姐夫织毛衣边声讨他的神情，让我想到孩童时代的餐桌上，狼吞虎咽着嫌弃老公厨艺差的她的妈妈。两代人暴躁而没有戾气的夫妻模式，雷同而不失融洽。

你有没有发现，有时再怎么故意克制，无形中还是沿袭了父母相处的那套方式去爱人？

那么，恩爱的父母是如何相处的？

> "今天你爸不回来吃饭，咱们就随便吃点。"
>
> 情人节，我爸给我一百元，我尴尬表示自己单身。爸说："我知道，给你一百，你出去吃。"
>
> "宝贝儿！"我和爸同时回应。过了一会儿，妈又喊"宝宝！"我和爸同时沉默，直到妈喊出了爸的大名。
>
> ……

你会觉得在他们面前，自己像是个第三者。某种程度而言，这份感受，就是他们带给你的最好家教。

但大部分人的生活不似段子里逗乐，也不及鸡汤教主跌宕，更多是平淡琐碎。

只是这琐碎中偶有露面的微光，便是平凡日子里的一点美好，比如父母在你面前秀的恩爱。

△

我的父母谈不上相爱，在一起只算是凑合，但却因此伤害到了我哥。

他三十几岁，离婚很久。

父亲问："怎么还不找对象？"

哥说："关于婚姻，早就没什么想法了。"

父亲问："是不是觉得当初爸太失败，你害怕像我一样？"

哥沉默了。

我爸年轻时是才子干部，意气风发，觉得业已立，该成个家才算完整。在奶奶的张罗下，与见过一面的小许结了婚，生下我哥。

小许成了所谓的"官太太"，不可一世，好吃懒做的习惯养成不用太久。

夫妻间的吵闹无可避免，打架也是家常便饭，没有人顾虑身边那个哭到喘不上气来的小孩儿。

我哥十四岁那年，两人离婚，小许远嫁。

我妈第一次上门，哥举着菜刀瞪她，她掏出刚织好的毛衣，给冻得瑟瑟发抖的他穿上。后来我哥告诉我，那是他记事以来穿的第一件新毛衣。这件毛衣在我哥心里，就是母爱的仪式。

故事还没有结束。

我妈也是二婚，从上一段无望的感情中出来，草率地嫁给了大她十六岁的我爸。两人没有争吵，只是冷漠。

那时还没有我，整个家里只有沉默寡言的我妈，和无可奈何的我爸，以及冷眼旁观的我哥。到了深夜，我妈会从噩梦中哭醒，连带着两父子被她的梦话吵醒。

等我长到五岁，我哥就去北京当兵了。他离婚后，第一时间告诉我说："早该意识到，当初离家去北京才是解脱，看了两段，自己又经历了一段，才看穿婚姻和家庭的无趣。他教会了我所有优秀品质，但始终没教我怎样去爱人。"

我再怎么跟他说后来父母的关系有所改观，他都不信。

△

编剧柏邦妮谈起自己的坎坷感情：莽撞、敢爱。"其实也是因为爱的能量足，特别容易相信会幸福，这是家庭给我打的底子。"

她说父母留给她最大的财富，就是他们彼此相爱。

人们总爱讨论：孩子到底该穷养还是富养？我的回答是富养，无关物质，而是父母彼此相爱，会给孩子安全感，会给孩子在心里种下夫妻相爱的仪式感。生命的漫长旅途中，父母相爱是孩子的能量补给站。

你以为电影《怦然心动》里，主人公的纯爱都是天生的吗？影片中，女孩的父母吵架了，但马上对她说：我们一定会解决好，这绝不是你的错。

当晚，他们轮流去女孩的房间，向她道歉，告诉她，爸妈永远相爱，也永远爱你，女孩安心睡去。

又或许，父母争吵之后以离婚收场。但破碎的家庭也不一定涣散了人心，只要这份爱曾存在过，温暖过。

△

我的心理老师和我分享过她的故事。

六岁，她父母离婚，那时她爸成天揪着她妈吵。之后她跟了妈妈，有阵子觉得男人没个好东西，爱情这东西也是在放屁。

老师的妈妈意识到这问题，母女聊天时，总有意无意提起自己的初恋，也就是老师的爸爸。故事浪漫又伤感，她用"相濡以沫，不如相忘于江湖"来总结，她告诉老师："我们之所以离婚，是因为彼此不成熟。"

后来老师和再婚的爸爸聊起这话题，他说："我这辈子唯一深爱过的女人，就是你母亲，但我那时太年轻了。"

如今，这位老师有个幸福的家庭，她总爱说，爱情可能会结束，但永远不要否认它的存在和美好。

对子女而言，最沉的爱是"我们是为了你才不离婚"，而最深的爱是"爸爸很爱你的妈妈"。

很多父母总拿没文化掩饰自己的教育无能，其实这是家庭教育里最荒谬的借口。

真正的教养，和文化没半毛钱关系，即使你并未传授学问和真理，但让孩子感知爱，学会爱，就是最好的教育。

# 你的孩子会是
# 什么样的人

十二岁孩子被同学推下楼梯，施暴者家长说这是孩子玩闹；十一岁男孩偷开车撞死无辜路人后逃跑，家长也跟着失联逃避赔偿。九岁小朋友好动，摔坏别人手机，随行爸爸为避免赔偿，说"我不是他爸爸，只是亲戚"……

△

有一次，我逛街买衣服，在试衣间碰上了一个七八岁的小男孩，一直掀他妈妈的门帘。见母子俩有说有笑，当是在这儿玩捉迷藏，也就没太在意。

我在隔壁单间试衣服，裙子刚脱下来，小男孩就掀开我的帘子，迅速探了个头，虽然我被吓了一跳，但琢磨着这孩子可能走错了地方，就没说什么。

结果没到半分钟，小男孩又开始掀帘子，这次掀得更为大胆，半个帘子都撩了起来，当时我就怒了，把衣服穿上，等着他再来"挑衅"。果不其然，看我没回应他，男孩又来找事，这次我直接把帘子打开，对他吼了一句："干吗呢！"

男孩显然被吼蒙了，站在原地不知所措。孩子他妈听见声音就出来了，看了一眼孩子，不分青红皂白就开始劈头盖脸指责我："小姑娘家，你凶谁呢！"

我耐心地跟她讲了一遍事件经过，结果不仅没得到道歉，还被她教育了一通："小孩子又不懂，掀帘看看怕啥……"

说真的，当时只想把包砸在这母子俩身上。

孩子不懂事，大人难道也不懂事吗？

△

十二岁孩子被同学推下楼梯，施暴者家长说这是孩子玩闹；十一岁男孩偷开车撞死无辜路人后逃跑，家长也跟着失联逃避赔偿；九岁小朋友好动摔坏别人手机，随行爸爸为避免赔偿，说"我不是他爸爸，只是亲戚"……

《伊甸湖》里满身血污的女主，向施暴孩子的家长控诉熊孩子的暴行，家长却反复强调"他们只是孩子"。

包容不等于纵容，溺爱不是关爱。

每一个胆大包天的熊孩子背后，几乎都站着任性的熊家长。

与其探讨问如何应付一个熊孩子，不如探讨怎样面对一个熊家长。

有网友称自己坐高铁，相邻座位的大妈带着孙子，小孩看《熊出没》，全程声音巨响，吵得人无法休息。与大妈商量把音量调低，结果对方理直气壮地说："我看我的东西，关你什么事！"

网友也不是包子性格，当即拿出平板放起了岛国艺术片，音量也调到了最大。

大妈瞬间炸毛："你怎么能在小孩边上放这个！"

网友淡定地回了一句："我看我的东西，关你什么事！"

正如稻盛和夫所说："很多家长把不守规矩当作活泼可爱，把不讲道理当作独立自主。这种家长和孩子都需要教育。"

爱其子而不教，犹为不爱也；教而不以善，犹为不教也。

在孩子最不会隐藏品格的年龄，最容易暴露的是家庭的教养。

△

托尔斯泰说："孩子出生五年时间里面，他的智慧、情感、意志和性格诸方面，从周围世界所摄取的，要比他从五岁到一生终了所摄取的多许多倍。"

孩子的一言一行都是跟家长学的，父母的品行直接影响着孩子的三观。

不管穷养还是富养，先有教养。俞敏洪在谈及家庭教育时曾说："你给孩子什么东西，孩子未来就是什么样的人。""如果你的孩子在外惹是生非，别人指责你的孩子时就会说：'这个孩子家教不好！'他们不会说老师没教好，叔叔阿姨没教好，人家会说：'有其父必有其子，有其母必有其女！'"

家长再爱孩子，也要有个分寸，对于具体一件事的分寸拿捏，正是家长引导孩子品行成长的仪式。

无分寸意识进一步膨胀，可能会产生"全球皆我妈"的错觉。

　　但现实是，不是自家的孩子，没有人替你宠着。

　　孩子不可能一辈子都是个孩子，恶人自有恶人磨。而父母能做的，是要在黄金时期内帮孩子做好面对未来的准备。因为时间真的过得很快，不要将来只能叹气、摇头。

# 每个熊孩子背后，
# 都有不懂事的家长

父母给孩子最宝贵的财富，并不是一张房产证或一部车，而是立足于社会的教养。

△

曾看过一个特别揪心的新闻：长沙两岁女童被一位男孩故意抱上电梯，乘至十八楼后，她走了出去，坠楼身亡。

监控录像显示，这位小女孩和两名五六岁的孩子一起进了电梯，其中一个男孩恶作剧般地按了高层，走出电梯。小女孩紧随其后，却又被男孩抱回电梯，一个人被关在电梯里。

两岁大的女孩对自己的险境尚且懵懂，但封闭冰冷的电梯让她本能地心生恐惧。她拼命跺脚哭喊，但都无济于事。

随后电梯上升至十八楼，小女孩摇摇晃晃地出了电梯，一脚踏进未知的地狱。

她才两岁，还没有完整地和这个世界相识，就已经匆匆作别。

悲剧的发生有多方面原因：物业监管不力，监护人大意疏忽，相关人员都难辞其咎，但那个小男孩的行为也同样引起我们的反思。

这起事故是一记响亮的耳光，打在每一个曾用"他还是个孩子"来开脱的家长脸上。

△

带孩子上亲戚朋友家做客，孩子乱翻乱拿，随意损坏主人家的私藏，家长说："他不是故意的。"带孩子出门坐高铁飞机，孩子大声喧哗，追逐打闹，影响其他乘客休息，家长说："小孩子就是爱动。"带孩子去商场逛街，孩子东摸西蹭，甚至去掀别人更衣室的门帘，家长说："他还不懂事。"

"他还是个孩子。"

"他还小不懂事。"

"你这么说一看就是没带过孩子的人。"

家长为熊孩子行为的开脱都建立在同一个基础上，即孩子是不懂事的，对自己行为的对错分不清楚，所以应该得到周围人的谅解。

于是，熊孩子和熊家长们的"光荣事迹"走向了社会新闻版。

包括这次的电梯事件，微博下仍有这样的声音："两个男孩子年龄比较小，没有预见后果的能力""网上的批评太过分，他们毕竟只是恶作剧，谈不上作恶"。

这还谈不上作恶?

△

有微博网友说："带女儿上乐高，大家一起玩的时候，几个四五岁男孩用乐高做手枪，就专门对着我女儿开枪，我女儿小，吓得直哭。当时觉得没什么，看着视频想想真是害怕，对于这几个小男孩来说，对比自己弱的对手下手也许是本能选择。"

最大的恶，是作恶而不自知。而家庭教育的作用就是管好这份不自知的恶。

我的邻居是一对年轻的夫妇，二人育有一个可爱的小儿子。有天傍晚碰见他们带着孩子散步，孩子爱玩闹跑得快，冷不丁撞在了小区的铁门上。这时邻居两夫妻的反应让我非常意外：他们俩一个赶忙抱起孩子又摇又哄，一个开始一边用力拍打铁门，一边说："打这个门，它坏，都怪它把我的宝宝撞疼了！"

我感到疑惑，便问年轻的妈妈："孩子摔倒了，你打门干吗？"她说："孩子在哭，总要替他出口气吧。"

只要孩子不哭就行了——这也许代表了家长的意愿。当孩子遇到困难时，家长心里都知道正确的答案是教孩子小心，以及今后如何保护自己，避免伤害。但在那一刻，却只想着采取最快速的解决方法：只要他不哭就行了。

△

我很想问，孩子受伤以后，家长不是教孩子做好自我保护，而是把责任推卸到别人身上或别的物件上。长期施以这

样的教育，孩子长大后会不会凡事都不从自己身上找原因，
遇挫便会怨天尤人呢？

有的家长认为，"爱闹"是孩子的天性，应该包容他们，
释放他们的天性。别以为孩子是不懂事，他们其实是没家教。
不懂事说的是孩子不谙世事的本性，没家教却是刁蛮任性，
让人讨厌。一味宠溺，让孩子连基本的礼貌和教养都没有，
是为人父母的失败。

他还是个孩子，那你呢？

《钱江晚报》上报道过这样一则新闻：外籍刘先生乘坐高
铁，对面坐着三个家庭，每家几乎都有一个三四岁的孩子。
几家人似乎是亲戚，大人们聊得热火朝天，孩子有了玩伴，
也兴奋地在车厢走廊里跑来跑去。

正是午后困倦的时候，周围的乘客有一大半被吵醒，
刘先生开始和那些家长们理论，希望他们能够管一下自己
的孩子。

其中一位父亲撇撇嘴："他们还是小孩，你管什么管。"

见与大人沟通无果，刘先生转而斥责孩子，警告他们不
能在高铁上嬉戏打闹。

结果原本一直对男乘客视而不见的一位母亲，见到这一

幕，二话不说冲上前，"啪啪"就是两巴掌挥过来。

这位乘客被打得不轻，眼球肿胀，眼镜断裂。

而事后记者采访打人的女士时，得到回应："关我什么事，不想说好吗，不想说。"

△

"熊孩子"是一个典型的"知易行难"类问题。人人都知问题出在"熊家长"身上，但"熊家长"往往冲动易怒，破坏力惊人，教训起来谈何容易。

这位刘先生大概是来中国时间还不够长，不了解个人挺身而出维护公共秩序的风险。只是不知道这一巴掌，会经过多少年，借助另一个忍无可忍的乘客，打回到熊孩子的脸上？

父母给孩子最宝贵的财富，并不是一张房产证或一部车，而是立足于社会的教养。

张鸣曾在《熊孩子背后有个熊大人》里这样说：好习惯不见得会传代，但坏毛病一定会遗传。熊孩子之所以熊，恰是因为有熊大人在前面做榜样……不会过公共生活，是我们的老毛病，这个毛病，需要教育，需要改，从小就得把这个道理灌输给孩子，用合适的行为模式影响他们。

你脱口而出的辩解，不只是说给面前亲戚、朋友或陌生人听的，更是说给孩子听的。

斯宾塞在《家庭教育》一书中说，进行正确教育的主要障碍不在于儿童，在于家长。家长不负责任的托词，在潜移默化中给孩子强化着这样一个印象：孩子你没错。而周围人的容忍，则又进一步强化这个信号：你的行为，不会带来任何的后果。

孩子虽然单纯，但感知能力远比大人以为的要敏锐，父母的一言一行，孩子都看在眼里记在心里。

据说，孩子在三到六岁时就已经形成了 90% 的性格，人生接下来的数十年不过是 10% 的范围里微调而已。这个说法也许有失偏颇，但我的确相信，一个人的性格，会在他开始认识和接触世界的短短数年间成型。

孩子不可能一辈子都是孩子。等他的年龄走在心智前面时，这个世界就不会再继续包容下去。

△

我妈有个同事，说起自己的女儿总是特别骄傲："我姑娘可厉害了，她个子虽然不高，却让班上同学都对她服服帖帖，连老师也怕她。上次她号召全班不上课被班主任罚站，第二天就叫来一群人把老师打得钻在讲台底下不敢出来。"

看到她眉飞色舞的样子，我突然就理解了为什么她的女儿小小年纪就目无尊长、性格暴戾。

世间从来没有绝对的自由，教养本身就是一个让天性和社会性慢慢磨合的过程。聪明的父母会把这份教养，灌注进生活中的点滴。

浙江衢州一书店店员开门营业时，发现门缝里塞了一张纸条和四十块钱，上面写："我教子无方，儿子在你店里偷了四本图画书。本应带儿子来道歉，没开门，对不起。"

郭德纲曾戏言："孩子在街上走，穿着打扮看出娘的手艺，说话办事显示爹的教养。"

家长是孩子言行的责任人。孩子的言行不仅代表他自己的形象，更代表了他的家教。

我曾写过一篇探讨熊孩子的文章，读者留言：你说得都对，但真正遇到熊孩子和蛮不讲理的家长时，我们除了愤怒没有更好的解决办法呀。

其实是有的。

《古尊宿语录》中有这样一段对话：

寒山问曰："世间有人谤我、欺我、辱我、笑我、轻我、贱我、恶我、骗我，该如何处之乎？"

拾得答曰："只需忍他、让他、由他、避他、耐他、敬他、不要理他、再待几年，你且看他。"

每一个熊孩子的背后都站着一个熊家长。当你面对熊孩子，用你的方式把这个世界最基本的规则、礼仪、道德标准讲给他听时，他是听得懂的。

但你觉得"长大了他自然会懂"，可能他就永远不会懂了。

## 亲情的仪式，
## 从好好说话开始

语言是带情绪的，你所说的每一个字串联起来，有可能给人带去温暖，但也可能带来伤害。在一个家庭内部，仪式感是亲情的纽带，珍视亲情的家庭，从好好说话开始。

△

几米说："小孩宁愿被仙人掌刺伤，也不愿听见大人对他的冷嘲热讽。"

至少伤痕是看得见的，而责骂带来的伤口则是无形的。无从展示，无从倾诉，也就无人在意。

家，不仅是爱与温暖的传递通道，也是恨与伤害的传递通道。

一个人对情感的感受形成某种稳定意识，就会产生在心里生成情感仪式。家里的长辈，一定要注重传递亲情的仪式。小孩子在情感传递过程中总是被动的，如果在孩子心中强烈的亲情仪式对应的是自己挨打挨骂挨批评的场景，这样的情感关系一定是糟糕的。相反，如果孩子心中的亲情仪式对应的是自己被父母尊重、爱护和表扬的场景，这样的情感关系是健康的。

△

宋丹丹和巴图一起参加了一档综艺节目，本应该是难得的母子欢聚时光，但宋丹丹却在节目中不停地数落儿子巴图。

看到别人的孩子为大家做早餐，宋丹丹说："我生了一个废物，啥都不会干，你看看人家。"

当巴图为她手忙脚乱生火煮鸡蛋时，她却一边奚落儿子笨手笨脚，一边埋怨儿子扬起的烟灰弄脏了自己的脸。

她还将巴图小时候的糗事当笑料逗大家开心，看到巴图脚趾发炎了，竟然说："不会是你自己啃的吧？你小时候就喜欢自己啃脚。"她丝毫不顾巴图的面子。

在节目中，巴图总是羞得一脸通红，急忙躲到鸡窝去"避难"。

何炅见状都忍不住替巴图打抱不平："巴图已经带着男人的尊严去垒鸡窝了，你却让他表演啃脚？！"

其实，宋丹丹就是典型的中国式家长，几乎不会给予孩子赞扬和肯定。

取笑、挖苦、打击，是他们教育孩子的惯用手段。

这种教育方法有一个专门的名词，叫"打击式教育"。常见的话术如下：

> 你看谁谁谁多懂事啊，你呢，有人家十分之一我就烧香了！
>
> 就你还想干××，算了吧。我看你就是三分钟热度。
>
> 这么简单的事情，你都做不好，你还有什么用，简直比猪还蠢。
>
> ……

打击背后，藏着太多人年少时悄然流下的泪。

当父母打击孩子成为习惯之后，就会在亲子之间形成一

种负面的情感仪式。这种负面的情感仪式，并非是建立在双
方认可的基础上，而是由一方强加给另一方而形成的。这样
的情感是脆弱的，是危险的，会伤及孩子和整个家庭，这种
危害是肉眼看不见的，却是实实在在的。

△

微博上曾有网友坦言，因为小时候在家族聚会上被妈妈
当众嘲笑"唱歌难听"，从此之后她再也不愿意当众唱歌。

而当她试图跟妈妈沟通这件事时，才刚说起自己受伤的
心情，妈妈便开始教训她："你怎么这么玻璃心，这点打击都
受不了，以后在社会上还怎么生存！"

有网友评论："这个逻辑就好比，我捅你一刀，你喊疼，
我说没事，我多捅几刀你习惯了，就不疼了。"

不疼了，因为死了。

打击就是打击，根本就不存在打击式教育，披上"教育"
的外套，不过是为了给自己的不当行为找一个合理化的借口。

心理学家苏珊·福沃德博士在《中毒的父母》中说："小
孩是不会区分事实和笑话的，他们会相信父母说的有关自己

的话，并将其变为自己的观念。"

有网友说："我特别羡慕自信的孩子，因为他们就算是错的，也有勇气坚持自己的观点，而我就算是对的，也没有勇气坚持下去。因为我怕我真的错了。

经常被父母打击的孩子，会极度自卑，常常会陷入强烈的自我怀疑和自我否定的情绪中不可自拔。

而父母却总是一边言语打击，一边懊恼为什么子女总是这么不自信。

△

扎克伯格曾在 Facebook 上分享了一组关于亲子教育的图片，列举了"坏父母"的十一种表现，其中有八种都是不好好说话造成的，例如：

> 如果你的孩子不能坚持自我，那是因为他们小时候你总是在公共场合批评教育他们；
> 如果你的孩子很容易生气，那是因为你给他们的赞扬不够，他们只有行为不当的时候才能得到注意；
> 如果你的孩子不懂得尊重别人的感受，那是因为

你总是命令他们，不在意他们的感受；

　　如果你的孩子总是神神秘秘的，什么都不告诉你，那是因为你总是爱打击他们；

　　如果你的孩子总是行为粗鲁没有礼貌，那其实是从父母或者一个屋檐下的人那里学来的；

　　……

　　知乎上有个点赞很高的回答：孩子的沉默、隐忍、恐惧、讨好，在麻木的大人眼中，便是懂事。

　　因为这样的"懂事"，让他们觉得很省事。

　　我有一个朋友，做起事来老像有人在给自己打分数似的，房子永远没有收拾干净的时候，事情永远没有做好的时候，出一点儿差错便发自内心地张皇失措……

　　因为从小，他的父母只有在他"听话"的时候，才会对他笑。

　　而他无论取得了怎样的成绩，父母都不停地告诉他，还有很多人能做得更好，你才取得这么一点成绩有什么可开心的！

　　要么为了赢得父母的爱或赞许而苛求自己，失去快乐的童年；要么完全放弃自己，逆反到害怕成功的程度，失去健康的人生。

有句话说得很好：来自父母的打击，所造成的伤害效果不只是当下，它贯穿岁月，像一根针一样深扎在子女的心头。

父母在等我们道谢，我们却在等父母道歉。

△

曾有一个研究中心在全国范围内对一千多名普通未成年人进行了调查分析，在家里被"经常骂"的孩子不良性格特点最为明显，有25.7%的孩子"自卑"，有22.1%的孩子"冷酷"，有56.5%的孩子"暴躁"。

有网友在后台给我留言：

> 我两岁时，爸爸抛弃我和妈妈走了。之后，我的生活就变成了地狱。妈妈的脾气开始变得很暴躁，因为我长得很像爸爸。
>
> 每一天，她都要对我说："生下你是我这辈子最大的错误。"
>
> 心情好的日子，她就说："你长得像你那该死的老爸，以后也会变得和他一样没良心。"

　　心情不好的时候，她会说："我盼着你死，就像我
盼着你死鬼老爸死一样。"

　　我已经学不会正确地表达感情和需求，因为当我
表达感情的时候，得到的从来都是否定的反馈。

　　更可怕的是，他发现自己正在情不自禁地模仿母亲，用
母亲伤害他的方式去伤害爱他的人。

　　任何一种心理疾病，追根溯源，都是童年时的创伤。

　　童年时缺爱，被伤害，受虐，没有安全感，缺乏尊严……
长大以后，就会演变成自闭症、抑郁症、焦虑症，等等。

　　但神奇的是，许多精神病患者，在生了孩子之后，精神
状况却好了很多，因为他们把精神痛苦宣泄到了子女身上。

　　于是，子女替他们"疯"了。

　　日本作家伊坂幸太郎曾说过："一想到人类居然不用经过
考试就能为人父母，真是太可怕的事。"

　　△

　　被父母骂得想要自杀是怎样的体验？

　　知乎上这个问题有几百个回答，上千人关注，几十万人

浏览。

曾经看到过一则新闻，十六岁的花季少女因为经常被父母骂，服毒自杀。

在死之前，她又挨了两次骂，因为她穿衣服太慢和洗头时间太长。

被骂完之后，她说自己肚子疼，要回房间休息。

父母没在意，匆匆出门拉货。

过了十二点，等父母回到家，发现她已经停止了呼吸。

事后，这对后知后觉的父母才回忆起，女儿多次向他们埋怨弟弟比自己幸福好多，爸爸妈妈都爱弟弟，每次发脾气都是冲着她这个做姐姐的来。

而且，女儿曾用他们的手机搜索过"安乐死"，甚至还在网上购买过一把刀。

她试图给了父母很多次信号，却都被忽略，她走投无路了。

这个十六岁的孩子，每天反反复复地酝酿着自杀，难以想象她所经受的痛苦和煎熬。

少女的母亲最后哭到快要昏厥，哀号着："女儿，你快回来吧，我再也不骂你了！"

然而，女儿再也听不到她的道歉。

心理学上，有个概念叫"语言虐待"。

心理学家说，语言虐待不如身体虐待容易引起注意，因为看不见伤痕，留不下证据，然而它的伤害可能比身体虐待更加严重。

很多遭受"语言虐待"的人一直怀疑自己的痛不欲生是因为太脆弱。

因为比起受到身体虐待的人，他们似乎没有资格叫苦，没有资格抑郁，没有资格生病。

但他们的痛苦是实实在在的，每天生活在压抑之中，每天回家都战战兢兢。

没有人觉得骂一骂子女是一种虐待，而孩子也不会表达，他们首先是哭泣，之后就变成了麻木。

于是这种虐待就被慢慢合理化了。

鲁迅说："悲剧就是将人生有价值的东西毁灭给人看。"

而更大的悲剧是，有些无价的东西已经被毁灭了，却没人看到。

一提到仪式，我们总觉得是正面的。其实不然，例如，一个人每次见到你，都冲着你赞美一番，另一个人每次见你，都冲着你破口大骂，经年累月，这两个人都可以在你心中生成不同的情感仪式，一个是积极的，一个是消极的。积极的情感仪式给你的生活带来温暖，消极的情感仪式给你的生活带来艰难。

作为父母，怎能不在乎自己每天如何对自己的孩子说话呢？亲情的仪式，从好好说话开始。

# 父母是儿女的起跑线

认清现实，敢承认自己的平凡，接受孩子的不完美，不把过多私人预期压在孩子身上，这样的家长才更难能可贵。

△

云南镇雄县十五岁的男孩小龙（化名），在一个除夕夜服农药自杀。

小龙父母常年在外务工，对他也无暇过问。根据小龙遗书和邻居描述，父亲是个暴脾气，在外过得不如意，回家经常打骂孩子。

性格孤僻又叛逆的小龙自尊心强，一直默默忍受，最后为了"给自己一个解脱"，选择报复性自杀。遗书中，他指责父亲总给他压力，让他难受：

　　我的爸妈在这些年里没有一天照顾过我，但我不恨他们，因为他们有很大的负担……但我受不了气，不要把脾气撒在自己儿女身上，他们是无辜的，上帝把他们送你们身边是希望他们得到爱，而不是父母的怒火……爸爸，我死了，你就高兴了，你句句逼人，我没有办法，独有一死方休……你的不孝儿子，当然也是啥子事都干不了的一个儿子，自己珍重。


　　网友评论：很遗憾，有的人还未成人，心智却过早地负重。有的人，心智还不足以成熟，却过早地生儿育女。

　　三毛说："大部分的中国父母，将孩子当作命根，将孩子视为自己生命的延伸与继续，期望自己一生没完成的理想和光荣，都能在孩子身上实现，更认为，自己人生的经验，百分之百，都可以转移到教育下一代的身上去，又以为孩子是必须无条件听命于父母而不可反抗的，压力便由此产生了。"


　　△


　　一份涉及全国十三个省一万五千名学生的报告显示，中学生每五个人中就有一人曾有过自杀的念头，而为自杀做过计划的占6.5%。

一份心理咨询数据得出，青少年自杀的主要原因是学习。学习不好却被家长逼迫学习，以及通过学习改变家庭命运的压力，都是造成自杀悲剧的导火线。

"不好好学习，长大没出息"是父母常挂在嘴边的一句话。

这份为子女未来着想的心当然没有错，可若是自己不努力，却要孩子拼命成为"有权势""光宗耀祖""有脸面"的人，就有点痴人说梦了。

△

以前有读者留言：

> 我是普通人，没钱没势，但是我有足够的时间陪伴我的孩子。从幼儿园开始我会每天亲自送她上学，亲自接她回家，和她一起完成每一个作业，度过每一个周末。我根本不指望把她培养成什么了不起的人，我只希望她身体健康，品行端正，有一技之长。

教育孩子不飞黄腾达就对不起全世界，对不起双亲的理念，源于家长的自卑。

自己从不读书看报，却要求孩子热爱学习；一边抠脚看剧、刷手机，一边骂书桌前的孩子脑子太笨；整天往家里撺掇牌局，用钱打发孩子，又要求他功课不许落后。

认清现实，敢承认自己的平凡，接受孩子的不完美，不把过多私人预期压在孩子身上，这样的家长才更难能可贵。

在教育方式上，自己做不到一流，却想当然以为自己的孩子必须成为一流。

诸如此类的家长，只求最好结果，不想自己麻烦，孩子以后成材了，他觉得功劳在家长；孩子以后没出息，又觉得责任主要在孩子。

因此有人调侃：一想到身为父母不用考试就觉得很恐怖，对父母加强管理是构建和谐家庭的首要工作。

想让孩子更容易出人头地，从自己开始努力吧。别自己无能要死却成天做梦想生个孩子成为世界首富，世界首富的爸妈可不是"三流"的哦。

还有一类家长，将孩子的成长道路规划成自己梦想的样子。孩子不达标，父母总是质问责骂，孩子迷茫时还敢向谁发问："我到底是为谁而活？"

子女生来不是还债的，没有义务帮父母弥补人生的遗憾。

郎朗成名后，许多家长想让自己的孩子复制他的人生，不看孩子天分，不分孩子性格，硬是把自己的孩子"绑"在钢琴凳上，要求孩子"练不好就别下来"。对于这种家长，郎朗回复："让这种家长自己去学吧！"

以别人为标杆，让孩子去模仿，不如认清自己是孩子的起跑线。

教育不是说出来的，而是把要说的话做给孩子看。

杨澜谈及自己的教育经历："别把劲儿都使在孩子身上，如果自己充实、快乐，有责任感，有情绪管理能力，孩子会模仿你的。"

"三流"的家长看成绩，"二流"的家长看成长，"一流"的家长看自己。

"望子成龙"哪有什么错，问题是，自己给孩子一个鸡窝，又怎么能指望孩子变凤凰？

# 爱应该是目送，
# 而不是押送

父母哀怨的叹息会提醒你：没有退路了。可这世间事物无论好坏，有了尺度和分寸才算美好，爱也是。太香会闷，太甜会腻。

△

"莉迪亚死了，但他们还不知道。"

小说《无声告白》开篇，一个叫莉迪亚的女孩自杀了，不过她更像被家人亲手杀死的。

她是家里最受重视的女儿，父母一门心思扑向她，把各自的梦想压上她肩头。

父亲是受尽冷落的华裔移民，不想她重复自己的遭遇，推着她出门交际；母亲是壮志未竟的家庭主妇，希望她延续自己的追求，催着她投身科学。

听起来像个满含温情的励志故事，如果莉迪亚不是个热爱医学的内向姑娘的话。

她乖巧，却不快乐。她"是全家人的宇宙中心，尽管她不愿成为这个中心，每天都担负着全家的重任，被迫承载父母的梦想，压抑着心底不断涌起的苦涩泡沫。"

龙应台把父母之爱理解为"目送"，可很多父母化成了"押送"。

他们把子女架上爱与希望的高台，一旦跌落，就是整个家庭建构的轰塌。

把子女放在家庭第一位的父母，像极了穷途末路的赌徒。

他们把所有宝押在唯一赌注上，因为没有别的办法了。

有种很流行的道德绑架：爸妈为你牺牲了这么多，你就应该怎样怎样。

但有没有一种可能，除了子女，他们的人生，其实没有更优秀的献身对象了。

△

在《舌尖上的中国》里，有对五年没回家的母女。

女儿离家在音乐学院求学，母亲放下所有工作去陪读，连家中父母重病都不敢回家探望。面对镜头，她痛哭流涕，自责不已。

《中国青年报》曾有统计，说安徽毛坦厂中学陪读家长已经超过学生的一半。有相当一部分父母，是在用自己来栽培孩子的幸福。

那淌着汗水的眉头，笑出褶子的面容，透露着一种将自我全盘交付的悲壮。

望子女成龙成凤的父母，多半是对自己不满意。

自己希望破灭，于是将重任寄托给下一代。孩子变成了他们生活的所有，他们却乐在其中。

然而作为子女，会希望父母有自己的人生。

心理学者武志红谈"家庭中最重要的不应是亲子关系，而是夫妻关系"，说的也是这道理。个体生活的完整和成功，很大程度上可以为子女提供更多想象空间。

把子女放第一位，本来只是家庭模式的一种选择，却被约定俗成为标准答案，实在可悲。

而被置于首位的子女，也着实有些高处不胜寒的感伤。

他们多半承担了父母过高的期望，或者和莉迪亚一样，被强加了父母的梦想。

△

深圳曾有个十五岁少年自杀的新闻。他最后在作文里的文字令人至今印象深刻："从前，我是个非常听父母话的孩子，但时光飞逝，他们给我的爱我开始觉得沉了，想去推开，但我每每用力，换来的是更多沉重。"

不是得了便宜还卖乖，事实是，很多子女受不起这份被捧得太高、压得太死的爱。

一岁会写字，两岁识千字，魏永康本是名噪一时的神童。

为弥补自己当年没高考的遗憾，母亲从他八岁起就下岗专职照料。穿衣洗脸只是平常，牙膏要挤好送到手里，米饭要亲自喂到嘴里。

十七岁，魏永康考上大学。三年后，他被大学劝退。因为他离开了母亲，生活完全不能自理。

得知此事的母亲翻脸了，她指着中科院的大楼，让儿子跳下去。

如今，魏永康早已泯然众人，娶妻生子，过起了平凡生活。别人问起这个昔日令她骄傲的儿子，母亲总是避而不答。

因为一直被放在首位小心呵护，所以从小到大不敢有丝毫松懈。

父母哀怨的叹息会反复提醒你，没有退路了，没有退路了。

可这世间事物无论好坏，有了尺度和分寸才算美好，爱也是。太香会闷，太甜会齁。

父母会教"你长大应该……"，慢慢孩子也懂了"长大了我应该……"

可这样的亲子关系，未免太流于形式。

难懂的是，自己到底是真爱父母，还是在欠债还钱？

△

吴绮莉爱女儿，甚至不惜为此身败名裂，小龙女是他生活的全部。

"九岁前，每天早上上厕所都是我抱着去的，十五岁前，每天早上起床，校服已经帮她穿好。"

这其中，有事无巨细的照料，也有恨铁不成钢的发泄。

她会用皮带抽六岁女儿的大腿和屁股，会因女儿晚睡罚她通宵抄写"我不睡"，这是爱的一种变形。

爱是她的幌子，围观群众看到的，更多是一个不成熟母亲的控制欲。

女儿长大后两次报警，母亲身陷囹圄，这可以说是种很畸形的母女关系了。

"为孩子付出一切"，一直是中国式家庭里的一厢情愿，怀此信条的家庭，在一些父母心中，充满了仪式感。生活需要仪式感，但是绝不是破坏生活的仪式感。

这种付出往往会演变为孩子的沉重负担，最终损害亲子关系。

一对孤注一掷的父母，一生在类似放贷和赌博的命运中沉沦，何处是自我？一个负债累累的孩子，一生在报恩和偿还中度过，何尝能快乐？

# 父母总会
# 想尽办法关注你

所谓父女母子一场，不过意味着，你和他们的缘分
就是今生今世不断地目送着他们的背影渐行渐远。

△

和几个好朋友在群里聊天，说起"朋友圈"会不会屏蔽
父母的话题。

大家纷纷表示：坚决屏蔽。

"刚看完电影，感动得稀里哗啦，发了条'朋友圈'感
慨一下，马上就接到了老妈的电话问我下午为什么不上班，
我……"

"和一个好久不见的男闺蜜一起吃顿饭，晒个自拍，刚发完，父母就致电问候我是不是找男朋友了。"

"得了小感冒，发个'朋友圈'矫情一下，打滚卖萌求关注，结果我妈以为我出什么大事了，非要买机票过来，亲自带我去医院。"

朋友们吐槽起发生在父母和"朋友圈"之间的糗事来，像开了闸的水龙头，止都止不住。

一直沉默不语的杨杨开口："你以为你屏蔽掉父母，他们就不能了解你生活的动态了吗？其实，他们会想尽办法来关注。"

杨杨的"朋友圈"以前也把父母给屏蔽了，直到有一次，深圳光明新区凤凰社区一个工业园发生山体滑坡。杨杨，正是在深圳上班。

"事故虽然比较严重，好多房子都塌了，但我上班的区离光明新区还挺远的，所以没什么影响。怕你们担心，我还特意发了个'朋友圈'，在里面报平安。"

"之后忙着开会、赶稿、整理资料，手机没电了都没发现。下班回家后，刚充上电，就弹出了二十多条未接短信，吓了我一跳。仔细一看，原来是我爸妈。"

"我回拨过去，电话响了不到一秒钟，就接通了，想必当时他们一定急坏了，手机就拿在手心呢。接通后，我妈说的第一句话是'情况怎么样？事故地点离你近不近呀？你那儿附近有没有山？'我愣了一下，然后才反应过来。原来，我把他们屏蔽了，他们并没有看到我那条报平安的'朋友圈'。"

"我'朋友圈'里的所有好友都知道我没事，除了他们。他们甚至都不知道有屏蔽这回事，更不会像我的男朋友、女朋友们那样，嚷嚷着我为何对他们设置分组可见。这种单纯笨拙的关心，让我心疼。"

是啊，千方百计非要看你"朋友圈"的，不计较你是否屏蔽他们的，想尽办法关注你的，只有父母。

△

这让我想起以前在外地念书时的事情。

爸妈能准确预测到我那里的天气变化。而我，总能收到各种花式提醒短信：

　　"明天要降温，记得加衣服，上次给你寄的毛衣
正好能用上。"

　　"雾霾那么严重，出门别忘了戴口罩啊！"

　　"虽说明天要升温，但棉衣先别换，春捂秋冻不能忘。"

爸妈怎么能比我还清楚我那儿的天气呢？

有一次打电话，我终于知道了原因。

　　"自从你去上学，那里的天气就变成了家里的头
等大事。你爸呀，每次看完新闻联播后，都要等着看
天气预报才能放心。"

　　"瞎说什么呢，我那是顺便，都看了新闻联播了，
再看个天气预报不稀奇！"

　　"那每天坚持不懈地给孩子发短信，也是顺便？"

　　听着爸妈在电话那头的声音，我第一次感觉到，曾经以为
渐行渐远的父母，一直在努力向我靠近。他们是想要参与我的
整个人生，而不是干预。他们对我是关心，并不是想窥私。

△

世界上有无数的父母和子女，也有各式各样的亲子关系。每个家庭，都有自己的相处模式。有的父母看到孩子凌晨两点还在撸串吃夜宵，会一个电话打过去劈头盖脸一顿数落"熬夜的十大后遗症"；也会有家长看到女儿晒食堂的菜色，转身就给孩子发了个两百元的红包。

我并不认为子女屏蔽掉父母是错，也不是在此鼓吹大家把父母从屏蔽中解放出来。毕竟，关系不是靠"朋友圈"拉近的，隔阂也不是一个屏蔽就能产生的。亲情，都是处出来的。

对父母而言，"朋友圈"有没有屏蔽他们，并不重要。重要的是，你愿意把你的生活，与他们分享。

没事了多往家里打几个电话，聊聊最近发生的新鲜事，吐槽一下这段时间的雾霾天，说说今天吃了什么菜，顺便夸夸妈妈烧菜的好手艺。并不需要花很多时间，也不用像报备一样有压力，只是与他们分享你的生活，让他们，参与你的生命。

△

龙应台曾经写过："所谓父女母子一场，不过意味着，你和他们的缘分就是今生今世不断地目送着他们的背影渐行渐远，你站在小路的这一端，看着他逐渐消失在小路转弯的地方，而且他用背影告诉你，不必追。"

渐行渐远的父母，不是说他们的心与我们越来越远。父母不能陪你一辈子，但或许你能陪他们走完一辈子。

# 请别再指导
# 我的人生

社会学家费孝通把中国社会"养儿防老"的传统称
之为"反馈模式",而西方则是"接力模式"。

△

从"有一种冷叫你妈觉得你冷"到"爸妈逼婚、逼生、逼考公务员",这么多年了,爸妈为啥就是不能放过我们?

要论世上控制欲最强的家长,非中国父母莫属。

高中读文科还是理科,父母说了算;上大学报专业,父母要干预,把你安排到他们看好的城市、喜欢的大学、青睐的专业;毕业了,努力找熟人给你安排工作,或者逼着你考公务员;结婚对象一定要经过父母的许可……

　　而这一切，都不需要考虑你的感受。

　　父母赋予了你生命，因此"以爱之名"决定和控制你的
人生。对他们来说，你不是一个独立的人，而是一个寄托着
他们爱与关怀的容器。

　　如果父母为你做的选择总是睿智的也就罢了，偏偏很
多父母不自知，不承认他们在某些方面已经失去了精准的
判断力。

　　提醒你凡事留心眼，却相信微信谣言；想你出人头地，
但不能离经叛道；自己当年被下岗，如今还逼你找稳定铁饭
碗；认可的事物哪都好，讨厌的东西哪都差；孝顺就是无
条件服从，和睦就是人后说长道短；"为你好"是中心思想，
"我很伤心""我要被气犯病了"是杀手锏。难道你要继续相
信这样的人生指导，直到把他们的人生复制过来吗？

　　　　△

　　最可怕的是"为你好"，道德绑架让你的任何反驳与反抗
都变成不知好歹。

　　就算你想心平气和坐下来和父母沟通，你会发现父母没

有一次能够完整听完你的话，一句话触到他们的痛点，立马粗暴打断，提高声音，以受害人的语气用多少年前的事来控诉你。你的每一次反驳，等待你的都将是积攒了几个时代的中国父母经典台词轰炸：

"翅膀硬了，会飞了！你个白眼狼！"

"老子吃的盐比你吃的饭还多！"

"我这辈子是为了谁，还不是为了你好？"

每一次反抗，招来的都是"我们活着是为了谁"的生命垂问。

难道没有生下孩子的前二十多年，他们的人生都是无意义的吗？

大多数中国父母除了工作和儿女外，生活内容特别是精神世界几乎一片空白，至少他们表现出来的的确是这样。

中国父母总说"活着就是为了孩子"，让人感叹可怜天下父母心。但是在这种论调灌输下成长起来的孩子，从小就在内心深处以为他对父母有亏欠。

父母说那样的话似是在彰显自己的无私，但这种无私无异于是自私。

对于独生子女来说，父母俩人的生命都建立在自己的存在上，这该是多大的压力。带着这样沉重的负担，年轻人不敢轻易追寻自己的梦想。

一位女性朋友考研失利，本打算找工作直接就业。她为人开朗善交际，有志于从事酒店管理行业。可是她刚把这个决定告诉父母，就招来了老爸的雷霆大怒："酒店工作多辛苦多累啊！等我老了，病倒了，叫你回来照顾我你回不来，我就去自杀！"

在老爸看来，偏离父母规定的人生航向就是没有保证的风险投资。搂在身边每天看着你吃喝拉撒，才是旱涝保收。

中国养老服务的社会化程度太低，加重了家庭负担。

中国父母一贯的"养儿防老"想法让他们无法潇洒地做"投资儿女"这单生意的"甩手掌柜"。

社会学家费孝通把中国社会"养儿防老"的传统称之为"反馈模式"，而西方则是"接力模式"。于前者，上一代抚养了下一代，等到老了，下一代来赡养反馈上一代；对于后者来说，上一代抚养了下一代，下一代无须反哺，只用接着抚养他的下一代。

△

另一方面，近年的《中国家庭发展报告》中指出，当今社会化养老服务供给与老年人养老需求相距甚大。老年人对社会养老服务的需求集中于健康医疗，农村老年人、高龄老人对社会化服务的需求更多。

但无论是城镇还是农村，老年人目前所接受到的社会化养老服务还远不能满足老年人的需求。这加重了家庭与子女的照料负担，迫使父母为自己的"老有所养"早做打算。

中国父母把孩子当作潜力股投资二十年，没等来牛市也没等到分红。不期望孩子成为绩优股，就盼他们复制前二十年的稳稳当当，别一拍脑门又想搞什么风险投资，赔进去自己的人生，也赔了父母的棺材本。

绵延了几千年的"养儿防老"和"孝道"严重捆绑了中国家庭。在这样的传统阴影笼罩下，无处谈独立和尊重。

你反抗，父母就会说你忘恩负义，会哭，会闹，甚至跑到单位找你上司谈心；你不接电话，你妈就会把你所有朋友的电话打个遍，让你成为朋友茶余饭后的笑谈；你反对他们带孙辈的方式，他们就会说"你长这么大还不是我们教育的"……最怕的就是你回避这些矛盾，纵容父母挟爱作难，最终的结果是让矛盾积聚成定时炸弹。

你总抱怨父母插手你的生活，却不反思正是你的回避和纵容使得他们无节制插手你的人生。孝顺父母，是我们传承了几千年的精神仪式。然而，当一种仪式固定下来之后，我们祖祖辈辈需要这种仪式感的初心，逐渐被掩盖住了。生活中需要各种仪式，我们在生活中需要找到自己的仪式感，但是这是有前提的，那就是我们要发自内心需要，即便是外加给我们的，也要以引起我们内心共鸣，而不是不容置疑且会给我们造成严重伤害的单向意志。

△

在电视剧《妯娌三国时代》里有这样一段台词，媳妇不明白为什么婆婆总是要做自己老公的主：

丈夫说："怎么不行啊？没我妈，我哪有今天？我挣的每一分钱都跟我妈有关！"
媳妇反驳："不对，你挣的每一分钱都跟我有关。

咱们是夫妻，你挣的钱是夫妻共同财产，不是你妈的
财产！"

儿子反驳媳妇："怎么不是我妈的财产啊？我妈把
我养这么大，我就是她的投资，买房这么大的事，是
不是得跟股东打个招呼啊？"

可悲的不是你反抗无效，而是你已经放弃了反抗，并在
潜意识里默认了自己是父母财产和投资。

父母干涉你的生活，除了他们的控制欲作祟，你的种种
表现和对他们的依赖让对方认为你没有能力处理好自己的生
活，他们索性替你生活了。这是你和父母之间的默契，这是
完全听从父母的情感仪式，你可能完全不自觉，毕竟是长期
被父母拿捏惯了，你已经不在乎你是谁，你眼里的父母就是
你生活的旗帜，这是可怕的，更是可悲的。

车是爸妈给买的，房子首付是爸妈给交的，工作是爸妈
给找的，儿子是爸妈给带的。每次遇到人生的重大决定，你
都没有勇气自己做决定，总指望父母为你承担做决定的后果。
甚至，每次和父母出现分歧，都是以你的妥协告终。啥都管
你的时候你嫌父母烦，啥都不管你又嫌父母不负责任。

说是长大成人，但是从精神到经济你从没独立过。想要

硬气地反驳一句，自己都没底气。

无力违背父母的意愿，后果就是复制他们的生活，在父母安全感满格的范围内随遇而安。父母那一代人机械地沿着脚下的那条路往前走着，人生的一万种可能性，在他们眼里，只有那么一种可能。

△

社会和世俗先绑架了父母，接着又把你绑架。

怕被嘲笑的梦想，不敢坚持自我，你和父母畏惧的其实是世俗对你、对这个家庭的评判。想要摆脱父母的控制，其实本质上来说，最该摆脱的，是社会和所谓世俗主流价值观对你的控制，那是站在社会和所有人角度的价值观，你可以认同，但你不能理解偏了，你可以反对，但你也要清楚该反什么。

在搜索框里刚输入"中国父母"就会出现"中国父母最自私""中国父母神逻辑"这样的字眼，严父慈母的形象怎么在如今变得饱受质疑？

这不只是父母要反思，一边喊着"父母自私"，一边啃老的年轻人，更该想想这个锅该不该全是父母背。

# 我拼命赚钱，
# 为的是让你们舍得花钱

在父亲生命的最后阶段，我送他回老家哈尔滨。背着他上洗手间时，他说"原谅爸爸"。那一瞬间，我强忍住了泪水。他太客气了，竟然对自己从小背到大的儿子客气，而我只是背了他几次而已。

△

一次和大学室友聚会，话题突然落在一位传奇学长身上。

"听说他最近已经在北京四环买上了房。"

"听说他爸妈回老家了，说是在北京过得不习惯，他干脆给他们在郊区买了栋挺豪华的大别墅。"

他是大学时几乎每天都忙得见不着人的拼命学长，是同学口中的牛人。不是因为成绩好，当然更不是因为他有帅气的脸。

在大一那年，他就自己给家里添了小汽车。再过一年，他便有了自己的车。紧接着，搬出宿舍，住进了租金昂贵的高层公寓。

这个赚钱速度，叫当时我们这帮还在嗷嗷待哺等父母给生活费的同学瞠目结舌。

他赚钱的方法，说来不算复杂，艺考进入学校的他，上了大学就通过租赁廉价场所、找学校借教室等方法，拉起了一个"艺考学校"。随后，近乎通神地说服老师们为他提供教学支持。他本人，也亲自参与到多项教学中。

刚进学校时，我对这样的培训机构是很怀疑的。

然而，或许因为他有独特的艺考心得。学生们最后的成绩，竟然都很不错。

有些考上的学生主动帮他做广告，有的干脆加入了团队。这位学长就这样一手运营起一个规模不小的艺考学校，成了人人皆知的Z校长。

临近毕业，他来给我们做演讲。关于如何创业，他说了很多。

但我记得的，始终只有他说的最后一段话：

我的父母，是收入微薄的工人，他们尽所能地给我提供好的教育和学艺术的环境。我进大学以来，心里一直想的就只有一件事：我赚钱的速度，一定要赶上父母老去的速度。

△

二〇一六年八月，就在大家都关注王宝强离婚风波时，他参加过的以母爱为主题的一期节目，并没引起太高的讨论度。

节目组有很多安排，但我还是在里边看到了一个出身平凡的孩子与母亲间那种戳人的情感。

王宝强为母亲准备了价值不菲的金项链，但母亲一向不肯让儿子给自己买贵重东西。他最终选择将项链送去路边的一家精品店，并拜托所有人对妈妈说："这条项链只值两百多块。"最终母亲兴冲冲买了这条"便宜"的项链。

后来两个人一起吃猪肉炖粉条，聊起王宝强年少时出去外边闯荡三年未回家。

母亲说："你走后，我三天没有好好睡。我知道我不好过你也不好过，你在外边没钱，受多大苦受多大难，碰一下磕

一下你根本就没有给我说过。光说挣俩钱了，看你受了多少
苦多少罪……"

"大年初一，别人家的孩子都到处放炮，我说俺的孩子在
哪里，谁是爹谁是娘，有人管俺家孩子没有。"

在大家都关心你混得怎么样、赚了多少钱、是不是再也
不淳朴的时候，还有父母在惦念你受了多少累。

△

看过《喜剧之王》的朋友，可能会对影片中一心追求表
演梦想，却总是碰壁的尹天仇有很深的印象。这部电影影射
了周星驰本人早年追求梦想的艰辛。

小时候他家里究竟困难到了什么程度呢？

七岁，父母离婚。从此他和两姐妹由母亲独自抚养，一
家人挤在狭窄的木板房里，睡的是上下铺架子床。最忙时，
母亲要打三份工。

进入娱乐圈后，他历经辛酸无数，终于凭借自己的才华
功成名就。改善家庭生活，多年来一直和母亲住在一起。

妈妈在接受采访时，还笑称，儿子给买的山顶房子，刚

搬去时不习惯，还嫌远，春天大雾时又十分潮湿，住得很不舒服。

而这栋被妈妈笑着说住不习惯的房子，价值是八亿台币。

其实，父母舍不得花钱的习惯，不是改变不了。他们只是想尽力为你省出一个更舒适的未来。

在你羽翼未丰时，他们担心你找对象因为没钱而自卑；担心你因为嫁妆不够丰厚而被婆婆看不起；担心你在同辈面前抬不起头。

Z学长用将近十年的奋斗，给父母挣了一个安心的好生活，不用再省钱过晚年，这是他发自内心孝顺父母的方式，不是父母的强迫，更不是他在装模作样。

△

王宝强从群众演员一路摸爬滚打，让当了一辈子农民的父母从此衣食无忧。

周星驰用他在娱乐圈不懈的努力，给了妈妈他能给的最好生活。

歌手李健写了首《父亲》，其中有两句歌词：

你为我骄傲，我却未曾因你感到自豪，你如此宽厚，是我永远的惭愧。

父亲得癌症的时候，他和姐姐凑钱去交手术费，父亲哭着说孩子们懂事了，给孩子们添麻烦了。

"我把当时仅有的几万块钱全拿出来了，我意识到，有些时候钱是多么重要。"

在父亲生命的最后阶段，他送父亲回老家哈尔滨，火车上他背着父亲上洗手间。

"记得当我背着他时，他说了句'原谅爸爸'。那一瞬间，我强忍住了泪水。他太客气了，竟然对自己从小背到大的儿子客气，而我只是背了他几次而已。"

"我深知这句简单的话里的含义，有内疚、有感激、有牵挂，更有不舍……当时我的歌唱事业没有什么大的起色，他一直担心我的生活。多年以后，我偶尔会想起这个场景，想起这句话，常常不能释然。"

后来，每当取得什么成绩，母亲在电视机前一个人鼓掌，见到他时会说"要是你爸还活着该有多好"。

"是啊，要是父亲还活着该有多好，那鼓掌的就不是她一个人了，他们俩一定会热烈地讨论，我甚至可以想象他们谈话的内容。"

△

爸妈总喜欢对我们说："宝贝你别太累了，钱不够花我们这里还有。"

可是为人子女啊，没办法不着急，也没办法不去拼命。

多么害怕，还没来得及兑现小时候说好的带你们环游世界的诺言，你们就老了。

多么害怕，还没来得及实现给你们换一套大房子的梦想，就已经晚了。

我有时盼望诗意，畅想远方，也有许多遥不可及的梦想，偶尔想体验爱情的温暖与跌宕。

虽然有太多的无奈与酸涩，赚钱的速度赶不上父母老去的速度，也赶不上房价的上涨。我依然这么拼命，也是为了有一天，他们真的能舍得为自己多花一点钱，而不只是满怀关爱地想着我。我这也是想让他们明白，我是时刻惦念他们的。